中国生产力促进中心协会
智慧城市卫星产业工作委员会　推荐

人工智能(AI)应用从入门到精通

苏秉华　吴红辉　滕悦然　编著

U0201890

化学工业出版社

·北京·

《人工智能（AI）应用从入门到精通》是一本人工智能应用入门级读物，全书分基础篇和应用篇两个部分。

基础篇包括人工智能的基本认知、人工智能的关键技术、人工智能的基本要素、人工智能的产业应用和人工智能的伦理安全五章内容；应用篇包括人工智能+教育、人工智能+医疗、人工智能+金融、人工智能+交通、人工智能+安防、人工智能+零售、人工智能+物流、人工智能+制造和人工智能+农业九章内容。

本书内容翔实，简单易懂，全面系统地涵盖了人工智能的相关知识，既简明扼要地介绍了这一学科的基础知识，适合人工智能相关领域和对该领域感兴趣的读者阅读，也适合大中专院校的老师、学生以及科普机构、基地的参观者学习参考。

图书在版编目（CIP）数据

人工智能（AI）应用从入门到精通/苏秉华，吴红辉，
滕悦然编著．—北京：化学工业出版社，2020.5（2025.3重印）
ISBN 978-7-122-36236-0

Ⅰ．①人…　Ⅱ．①苏…②吴…③滕…　Ⅲ．①人工
智能-基本知识　Ⅳ．①TP18

中国版本图书馆CIP数据核字（2020）第028579号

责任编辑：陈　蕾　　　　　　　　　　装帧设计：尹琳琳
责任校对：宋　夏

出版发行：化学工业出版社（北京市东城区青年湖南街13号　邮政编码100011）
印　　装：河北延风印务有限公司
787mm×1092mm　1/16　印张14　字数273千字　2025年3月北京第1版第7次印刷

购书咨询：010-64518888　　　　　　　售后服务：010-64518899
网　　址：http://www.cip.com.cn
凡购买本书，如有缺损质量问题，本社销售中心负责调换。

定　　价：68.00元　　　　　　　　　　　　　　　版权所有　违者必究

随着全球化的发展，人与人之间的关系变得越来越紧密，因此对技术的依赖性也越来越强。新一轮人工智能、5G、区块链、大数据、云计算、物联网技术正在改变人们处理工作及日常活动的方式，大量智慧终端也已开始应用于人类社会的各种场景。虽然"智慧城市"的概念提出已有很多年，但作为城市发展的未来，问题仍然不少。但最重要的，是我们如何将这种新技术与人类社会实际场景有效地结合起来！

传统理解上，人们普遍认为利用数据和数字化技术解决公共问题是政府机构或者公共部门的责任，但实际情况并不尽然。虽然政府机构及公共部门是近七成智慧化应用的真正拥有者，但这些应用近六成的原始投资来源于企业或私营部门。可见，地方政府完全不需要由自己主导提供每一种应用和服务。目前也有许多智慧城市采用了借助构建系统生态的方法，通过政府引导、企业或私营部门合作投资，共同开发智慧化应用创新解决方案。

打造智慧城市最重要的动力是来自政府管理者的强大意愿，政府和公共部门可以思考在哪些领域可以适当留出空间，为企业或其他私营部门提供创新余地。合作方越多，应用的使用范围就越广，数据的使用也会更有创意，从而带来更出色的效益。

与此同时，智慧解决方案也正悄然地改变着城市基础设施运行的经济效益，促使管理部门对包括政务、民生、环境、公共安全、城市交通、废物管理等在内的城市基本服务方式进行重新思考。而对企业而言，打造智慧城市无疑也为他们创造了新的机遇。因此很多城市的多个行业已经逐步开始实施智慧化的解决方案，变革现有的产品和服务方式。比如，药店连锁企业开始变身为远程医药提供商，而房地产开发商开始将自动化系统、传感器、出行方案等整合到其物业管理中，形成智慧社区。

1.未来的城市

智慧城市将基础设施和新技术结合在一起，以改善公民的生活质量，并加强他们与城市环境的互动。但是，如何整合和有效利用公共交通、空气质量和能源生产等领域的数据以使城市更高效有序地运营呢？

5G时代的到来，高带宽的支持与物联网（IoT）融合，将使城市运营问题有更好的解决方案。作为智慧技术应用的一部分，物联网使各种对象和实体能够通过互联网相互通信。通过创建能够进行智能交互的对象网络，门户开启了广泛的技术创新，这有助于改善政务、民生、环境、公共安全、城市交通、能源、废物管理等方面。

每年巴塞罗那智慧城市博览会世界大会，汇集了全球城市发展的主要国际人物及厂商。通过提供更多能够跨平台通信的技术，物联网可以生成更多数据，有助于改善日常生活的各个方面。城市可以实时识别机遇和挑战，通过在问题出现之前查明问题并更准确地分配资源以最大限度地发挥影响来降低成本。

2.效率和灵活性

通过投资公共基础设施，智慧城市为城市带来高效率的运营及灵活性。巴塞罗那市通过在整个城市实施光纤网络采用智能技术，提供支持物联网的免费高速 Wi-Fi。通过整合智慧水务、照明和停车管理，巴塞罗那节省了7500万欧元的城市资金，并在智慧技术领域创造了47000个新工作岗位。

荷兰已在阿姆斯特丹测试了基于物联网的基础设施的使用情况，该基础设施根据实时数据监测和调整交通流量、能源使用和公共安全等领域。与此同时，在美国波士顿和巴尔的摩等主要城市已经部署了智能垃圾桶，这些垃圾桶可以传输它们的充足程度数据，并为卫生工作者确定最有效的接送路线。

物联网为愿意实施新智慧技术的城市带来了大量机遇，大大提高了城市运营效率。此外，大专院校也在寻求最大限度地发挥综合智能技术的影响力，大学本质上是一个精简的微缩城市版本，通常拥有自己的交通系统、小企业以及自己的学生，这使得校园成为完美的试验场，智慧教育将极大地提高学校老师与学生的互动能力、学校的管理者与教师的互动效率、学生与校园基础设施互动的友好性。在校园里，您的手机或智能手表可以提醒您一个课程以及如何到达课程，为您提供截止日期的最新信息，并提示您从图书馆借来的书籍逾期信息。虽然与全球各个城市实施相比，这些似乎只是些小改进，但它们可以帮助形成未来发展的蓝图，可以升级以适应智慧城市更大的发展需求。

3.未来的发展

随着智慧技术的不断发展和城市中心的扩展，两者将相互联系。例如，美国、日本、英国都计划将智慧技术整合到未来的城市开发中，并使用大数据来做出更好的决策以升级国家的基础设施，因为更好的政府决策将带来城市经济长期可持续繁荣。

Shuji Nakamura（中村修二），日本裔美国电子工程师和发明家，是高亮度蓝色发光二极管与青紫色激光二极管的发明者，被誉为"蓝光之父"，擅长半导体技术领域，现担任加州大学圣芭芭拉分校材料系教授。中村教授获得了一系列荣誉，包括仁科纪念奖（1996）、英国顶级科学奖（1998）、富兰克林奖章（2002）、千禧技术奖（2006）等。因发明蓝色发光二极管即蓝光LED，2014年他被授予诺贝尔物理学奖。

诺贝尔奖评选委员会的声明说："白炽灯点亮了20世纪，21世纪将由LED灯点亮。"

前言

当前，以互联网、大数据、人工智能等为代表的现代信息技术日新月异，新一轮科技革命和产业变革蓬勃推进，智能产业快速发展，对经济发展、社会进步、全球治理等方面产生重大而深远影响。

近年来，人工智能突破了学术界、企业界的小圈子，从"概念炒作"真正进入"实际应用"阶段，逐渐落地各个领域，在交通、零售、安防、医疗、金融等行业多点开花，无人驾驶、智能机器人、刷脸支付……，这些真真切切地改变着我们的日常生活。目前，许多高校设立了人工智能专业，资本大量涌入人工智能领域，互联网企业也在争抢人工智能人才，可以说人工智能迎来发展"黄金期"。

人工智能（Artificial Intelligence）英文缩写为AI，它是研究、开发用于模拟、延伸和扩展人的智能的理论、方法、技术及应用系统的一门新的技术科学。新一代人工智能正在全球范围蓬勃发展，推动了世界从互联信息时代进入智能信息时代，给人们的生产生活方式带来颠覆性影响。人工智能与经济社会的深度融合，将给人类社会发展进步带来强大新动能，实现创新式发展。

"从科学层面看，人工智能跨越认知科学、神经科学、数学和计算机科学等学科，具有高度交叉性；从技术层面看，人工智能包含计算机视觉、机器学习、知识工程、自然语言处理等多个领域，具有极强专业性；从产业层面看，人工智能在智能制造、智慧农业、智慧医疗、智慧城市等领域的应用不断扩大，具有内在融合性；从社会层面看，人工智能给社会治理、隐私保护、伦理道德等带来新的影响，具有全面渗透性。目前，在边界清晰、规则明确、任务规范的特定应用场景下（如下围棋、人脸识别、语音识别）设计出的智能体表现出较好的专用智能。未来，人工智能的发展将从专用人工智能、人机共存智能向通用人工智能转变。可以预见，通过科学研究的牵引、应用技术的交叉，人工智能必将推动人类社会实现创新式发展。

人工智能为人类改造世界形成新业态，增强产业发展能力。根据对人工智能应用的需求，可将人工智能产业分为三个层次：以AI芯片和软件为框架的基础层；以语音识别、计算机视觉、自然语言交互为主的技术层；以智慧医疗、智能安防、自动驾驶等

"人工智能+"为代表的应用层。人工智能与传统产业的融合，不仅能提高产业发展的效率，更可以实现产业的升级换代，形成新业态，构成新的创新生态圈，催生新的经济增长点。

《人工智能（AI）应用从入门到精通》是一本人工智能应用入门级读物，全书分基础篇和应用篇两个部分。基础篇包括人工智能的基本认知、人工智能的关键技术、人工智能的基本要素、人工智能的产业应用和人工智能的伦理安全五章内容；应用篇包括人工智能+教育、人工智能+医疗、人工智能+金融、人工智能+交通、人工智能+安防、人工智能+零售、人工智能+物流、人工智能+制造和人工智能+农业九章内容。

本书提供了大量的案例，但案例是为了佐证人工智能在生活、工作中的实践，概不构成任何广告；在任何情况下，本书中的信息或所表述的意见均不构成对任何人的投资建议；同时，本书中的信息来源于已公开的资料，作者已对相关信息的准确性、完整性或可靠性做尽可能的追索。

本书内容翔实，简单易懂，全面系统地涵盖了人工智能的相关知识，适合人工智能相关领域和对该领域感兴趣的读者阅读，也适合大中专院校的老师、学生以及科普机构、基地的参观者学习参考。

由于笔者水平有限，加之时间仓促、参考资料有限，书中难免出现疏漏与缺憾，敬请读者批评指正。同时，由于写作时间紧迫，部分内容引自互联网媒体，其中有些未能一一与原作者取得联系，请您看到本书后及时与编者联系。

编著者

目录

02

第二部分　应用篇

第一部分
基础篇

　　2018年被称为人工智能爆发的元年，人工智能技术应用所催生的商业价值逐步凸显。人工智能逐步切入到社会生活的方方面面，带来生产效率及生活品质的大幅提升。

第一章
人工智能的基本认知

导言

作为新一轮科技革命和产业变革的重要驱动力量，人工智能技术正在深刻改变世界。人们已经开始依赖人工智能的各种计算服务，这种计算化于无形，从购物网站的精准推送到电视剧的剧情设计，再到无人驾驶汽车中的识别技术，可谓无处不在。

一、人工智能的起源

人工智能始于20世纪50年代，至今大致分为图1-1所示的三个发展阶段。

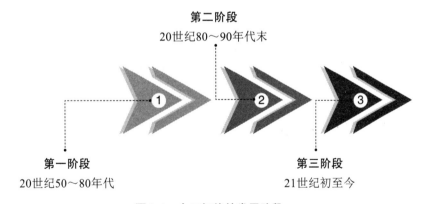

图1-1　人工智能的发展阶段

1.第一阶段（20世纪50 ~ 80年代）

这一阶段人工智能刚诞生，基于抽象数学推理的可编程数字计算机已经出现，符号主义（Symbolism）快速发展，但由于很多事物不能形式化表达，建立的模型存在一定的

局限性。此外，随着计算任务的复杂性不断加大，人工智能发展一度遇到瓶颈。

2.第二阶段（20世纪80～90年代末）

在这一阶段，专家系统得到快速发展，数学模型有重大突破，但由于专家系统在知识获取、推理能力等方面的不足，以及开发成本高等原因，人工智能的发展又一次进入低谷期。

3.第三阶段（21世纪初至今）

随着大数据的积聚、理论算法的革新、计算能力的提升，人工智能在很多应用领域取得了突破性进展，迎来了又一个繁荣时期。

二、人工智能的基本思想

长期以来，制造具有智能的机器一直是人类的重大梦想。自人工智能科学诞生至今的60多年来，人工智能发展潮起潮落的同时，基本思想可大致划分为图1-2所示的三个流派。这三个流派从不同侧面抓住了智能的部分特征，在"制造"人工智能方面都取得了里程碑式的成就。

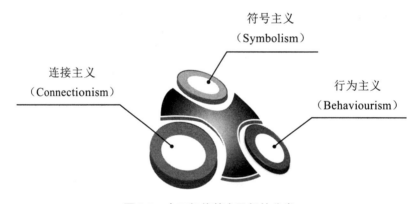

图1-2　人工智能基本思想的分类

1.符号主义（Symbolism）

符号主义又称为逻辑主义，在人工智能早期一直占据主导地位。该学派认为人工智能源于数学逻辑，其实质是模拟人的抽象逻辑思维，用符号描述人类的认知过程。

早期的研究思路是通过基本的推断步骤寻求完全解，出现了逻辑理论家和几何定理证明器等。20世纪70年代出现了大量的专家系统，结合了领域知识和逻辑推断，使得人工智能进入了工程应用。PC机的出现以及专家系统高昂的成本，使符号学派在人工智能领域的主导地位逐渐被连接主义取代。

2.连接主义（Connectionism）

连接主义又称为仿生学派，当前占据主导地位。该学派认为人工智能源于仿生学，应以工程技术手段模拟人脑神经系统的结构和功能。

连接主义最早可追溯到1943年麦卡洛克和皮茨创立的脑模型，由于受理论模型、生物原型和技术条件的限制，在20世纪70年代陷入低潮。直到1982年霍普菲尔特提出的Hopfield神经网络模型和1986年鲁梅尔哈特等人提出的反向传播算法，使得神经网络的理论研究取得了突破。2006年，连接主义的领军者Hinton提出了深度学习算法，使神经网络的能力大大提高。2012年，使用深度学习技术的AlexNet模型在ImageNet竞赛中获得冠军。

3.行为主义（Behaviourism）

行为主义又称为进化主义，近年来随着AlphaGo取得的突破而受到广泛关注。该学派认为人工智能源于控制论，智能行为的基础是"感知—行动"的反应机制，所以智能无需知识表示，无需推断。智能只是在与环境的交互作用中表现出来，需要具有不同的行为模块与环境交互，以此来产生复杂的行为。

在人工智能的发展过程中，符号主义、连接主义和行为主义等流派不仅先后在各自领域取得了成果，各学派也逐渐走向了相互借鉴和融合发展的道路。特别是在行为主义思想中引入连接主义的技术，从而诞生了深度强化学习技术，成为AlphaGo战胜李世石背后最重要的技术手段。

三、人工智能的概念

目前，人工智能的定义主要集中于对人类思考的模拟以及理性的思考两方面，尚无统一的定义。但从产业发展来看，当前人工智能都是立足于计算机的优势，以人智能的部分特征（如事物分辨、语音对话等）为参照，研究、开发用于模拟、延伸和扩展人的智能的理论、方法、技术及应用系统。

（1）《人工智能：一种现代方法》一书中将已有的一些人工智能定义分为四类，即像人一样思考的系统、像人一样行动的系统、理性地思考的系统、理性地行动的系统。

（2）维基百科上定义"人工智能就是机器展现出的智能"，即只要是某种机器，具有某种或某些"智能"的特征或表现，都应该算作"人工智能"。

（3）大英百科全书则限定人工智能是数字计算机或者数字计算机控制的机器人在执行智能生物体才有的一些任务上的能力。

（4）百度百科定义人工智能是"研究、开发用于模拟、延伸和扩展人的智能的理论、方法、技术及应用系统的一门新的技术科学"，将其视为计算机科学的一个分支，指出其研究包括机器人、语言识别、图像识别、自然语言处理和专家系统等。

（5）德勤定义人工智能是对计算机系统如何颠覆那些只依靠人类智慧才能完成的任务的理论研究。例如，世界感知、语音识别、在不确定条件下做出决策、学习、语言翻译等。

（6）人工智能标准化白皮书认为，人工智能是利用数字计算机或数字计算机控制的机器模拟、延伸和扩展人的智能、感知环境、获取知识并使用知识获得最佳结果的理论、方法、技术及应用系统。

四、人工智能的分类

人工智能是知识的工程，是机器模仿人类利用知识完成一定行为的过程。根据人工智能是否能真正实现推理、思考和解决问题，可以将人工智能分为图1-3所示的两种。

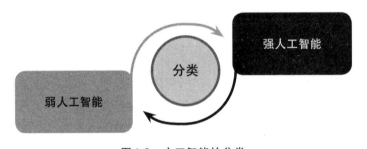

图1-3　人工智能的分类

1.弱人工智能

弱人工智能是指不能真正实现推理和解决问题的智能机器，这些机器表面看像是智能的，但是并不真正拥有智能，也不会有自主意识。

迄今为止的人工智能系统都还是实现特定功能的专用智能，而不是像人类智能那样能够不断适应复杂的新环境并不断涌现出新的功能，因此都还是弱人工智能。

微视角

目前的主流研究仍然集中于弱人工智能，并取得了显著进步，如在语音识别、图像处理和物体分割、机器翻译等方面取得了重大突破，甚至可以接近或超越人类水平。

2.强人工智能

强人工智能是指真正能思维的智能机器，并且认为这样的机器是有知觉的和自我意识的，这类机器可分为图1-4所示的两类。

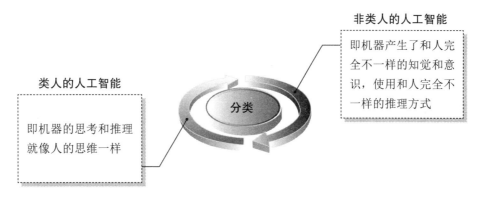

非类人的人工智能
即机器产生了和人完全不一样的知觉和意识，使用和人完全不一样的推理方式

类人的人工智能
即机器的思考和推理就像人的思维一样

分类

图1-4 强人工智能的分类

从一般意义来说，达到人类水平的、能够自适应地应对外界环境挑战的、具有自我意识的人工智能称为"通用人工智能""强人工智能"或"类人智能"。

五、人工智能的特征

人工智能的特征体现在图1-5所示的几个方面。

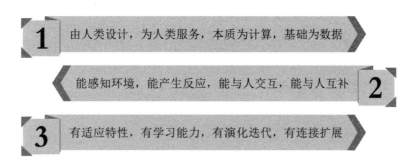

1 由人类设计，为人类服务，本质为计算，基础为数据

能感知环境，能产生反应，能与人交互，能与人互补 2

3 有适应特性，有学习能力，有演化迭代，有连接扩展

图1-5 人工智能的特征

1.由人类设计，为人类服务，本质为计算，基础为数据

从根本上说，人工智能系统必须以人为本，这些系统是人类设计出来的机器，按照人类设定的程序逻辑或软件算法通过人类发明的芯片等硬件载体来运行或工作，其本质体现为计算，通过对数据的采集、加工、处理、分析和挖掘，形成有价值的信息流和知

识模型，来为人类提供延伸人类能力的服务，来实现对人类期望的一些"智能行为"的模拟，在理想情况下必须体现服务于人类的特点，而不应该伤害人类，特别是不应该有目的性地做出伤害人类的行为。

2.能感知环境，能产生反应，能与人交互，能与人互补

人工智能系统应能借助传感器等器件产生对外界环境（包括人类）进行感知的能力，可以像人一样通过听觉、视觉、嗅觉、触觉等接收来自环境的各种信息，对外界输入产生文字、语音、表情、动作（控制执行机构）等必要的反应，甚至影响到环境或人类。借助于按钮、键盘、鼠标、屏幕、手势、体态、表情、力反馈、虚拟现实/增强现实等方式，人与机器间可以产生交互与互动，使机器设备越来越"理解"人类乃至与人类共同协作、优势互补。

这样，人工智能系统能够帮助人类做人类不擅长、不喜欢但机器能够完成的工作，而人类则适合于去做更需要创造性、洞察力、想象力、灵活性、多变性乃至用心领悟或需要感情的一些工作。

3.有适应特性，有学习能力，有演化迭代，有连接扩展

人工智能系统在理想情况下应具有一定的自适应特性和学习能力，即具有一定的随环境、数据或任务变化而自适应调节参数或更新优化模型的能力；并且，能够在此基础上通过与云、端、人、物进行越来越广泛深入的数字化连接扩展，实现机器客体乃至人类主体的演化迭代，以使系统具有适应性、鲁棒性、灵活性、扩展性，来应对不断变化的现实环境，从而使人工智能系统在各行各业产生丰富的应用。

六、人工智能参考框架

人工智能参考框架如图1-6所示。

人工智能参考框架提供了基于"角色—活动—功能"的层级分类体系，从"智能信息链"（水平轴）和"IT价值链"（垂直轴）两个维度阐述了人工智能系统框架。"智能信息链"反映从智能信息感知、智能信息表示与形成、智能推理、智能决策、智能执行与输出的一般过程，在这个过程中，智能信息是流动的载体，经历了"数据—信息—知识—智慧"的凝练过程。"IT价值链"从人工智能的底层基础设施、信息（提供和处理技术实现）到系统的产业生态过程，反映人工智能为信息技术产业带来的价值。此外，人工智能系统还有其他非常重要的框架构件：安全、隐私、伦理和管理。

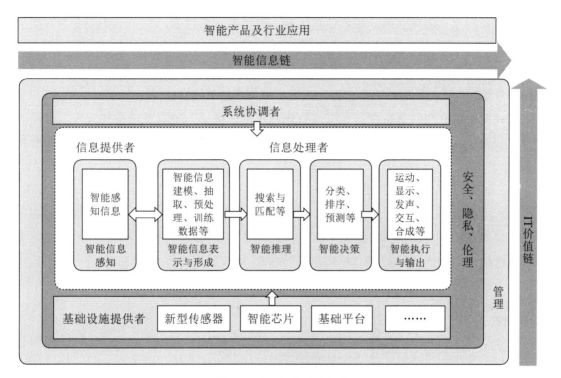

图1-6　人工智能参考框架

1.基础设施提供者

基础设施提供者为人工智能系统提供计算能力支持，实现与外部世界的沟通，并通过基础平台实现支撑。计算能力由智能芯片（CPU、GPU、ASIC、FPGA等硬件加速芯片以及其他智能芯片）等硬件系统开发商提供；与外部世界的沟通通过新型传感器制造商提供；基础平台包括分布式计算框架提供商及网络提供商提供平台保障和支持，即包括云存储和计算、互联互通网络等。

2.信息提供者

信息提供者在人工智能领域是智能信息的来源。通过知识信息感知过程由数据提供商提供智能感知信息，包括原始数据资源和数据集。原始数据资源的感知涉及图形、图像、语音、文本的识别，还涉及传统设备的物联网数据，包括已有系统的业务数据以及力、位移、液位、温度、湿度等感知数据。

3.信息处理者

信息处理者是指人工智能领域中技术和服务提供商。信息处理者的主要活动包括智能信息表示与形成、智能推理、智能决策及智能执行与输出。智能信息处理者通常是算

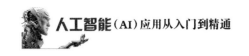

法工程师及技术服务提供商，通过计算框架、模型及通用技术，例如一些深度学习框架和机器学习算法模型等功能进行支撑。

（1）智能信息表示与形成是指为描述外围世界所做的一组约定，分阶段对智能信息进行符号化和形式化的智能信息建模、抽取、预处理、训练数据等。

（2）智能信息推理是指在计算机或智能系统中，模拟人类的智能推理方式，依据推理控制策略，利用形式化的信息进行机器思维和求解问题的过程，典型的功能是搜索与匹配。

（3）智能信息决策是指智能信息经过推理后进行决策的过程，通常提供分类、排序、预测等功能。

（4）智能执行与输出作为智能信息输出的环节，是对输入作出的响应，输出整个智能信息流动过程的结果，包括运动、显示、发声、交互、合成等功能。

4.系统协调者

系统协调者提供人工智能系统必须满足的整体要求，包括政策、法律、资源和业务需求，以及为确保系统符合这些需求而进行的监控和审计活动。由于人工智能是多学科交叉领域，需要系统协调者定义和整合所需的应用活动，使其在人工智能领域的垂直系统中运行。系统协调者的功能之一是配置和管理人工智能参考框架中的其他角色来执行一个或多个功能，并维持人工智能系统的运行。

5.安全、隐私、伦理

从图1-6中可以看出，安全、隐私、伦理覆盖了人工智能领域的其他4个主要角色，对每个角色都有重要的影响作用。同时，安全、隐私、伦理处于管理角色的覆盖范围之内，与全部角色和活动都建立了相关联系。在安全、隐私、伦理模块，需要通过不同的技术手段和安全措施，构筑全方位、立体的安全防护体系，保护人工智能领域参与者的安全和隐私。

6.管理

管理角色承担系统管理活动，包括软件调配、资源管理等内容，管理的功能是监视各种资源的运行状况，应对出现的性能或故障事件，使得各系统组件透明且可观。

7.智能产品及行业应用

智能产品及行业应用指人工智能系统的产品和应用，是对人工智能整体解决方案的封装，将智能信息决策产品化、实现落地应用，其应用领域主要包括：智能制造、智能交通、智能金融、智能医疗、智能安防等。

02

第二章
人工智能的关键技术

导言

现如今，人工智能已经逐渐发展成一门庞大的技术体系，在人工智能领域，它普遍包含了机器学习、知识图谱、自然语言处理、人机交互、计算机视觉、生物特征识别、虚拟现实/增强现实等多个领域的技术。

一、机器学习

机器学习（Machine Learning）是一门涉及统计学、系统辨识、逼近理论、神经网络、优化理论、计算机科学、脑科学等诸多领域的交叉学科，研究计算机怎样模拟或实现人类的学习行为，以获取新的知识或技能，重新组织已有的知识结构使之不断改善自身的性能，是人工智能技术的核心。基于数据的机器学习是现代智能技术中的重要方法之一，研究从观测数据（样本）出发寻找规律，利用这些规律对未来数据或无法观测的数据进行预测。根据学习模式、学习方法以及算法的不同，机器学习存在不同的分类方法。

1.按学习模式分类

根据学习模式将机器学习分为图2-1所示的三类。

图2-1　根据学习模式将机器学习分类

（1）监督学习。监督学习是利用已标记的有限训练数据集，通过某种学习策略/方法建立一个模型，实现对新数据、实例的标记（分类）或映射，最典型的监督学习算法包括回归和分类。监督学习要求训练样本的分类标签已知，分类标签精确度越高，样本越具有代表性，学习模型的准确度越高。监督学习在如图2-2所示等领域获得了广泛应用。

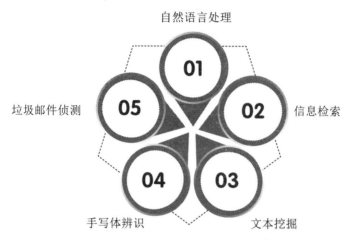

图2-2　监督学习的应用领域

（2）无监督学习。无监督学习是利用无标记的有限数据描述隐藏在未标记数据中的结构或规律，最典型的非监督学习算法包括单类密度估计、单类数据降维、聚类等。无监督学习不需要训练样本和人工标注数据，便于压缩数据存储、减少计算量、提升算法速度，还可以避免正、负样本偏移引起的分类错误问题。主要用于如图2-3所示等领域，例如组织大型计算机集群、社交网络分析、市场分割、天文数据分析等。

图2-3　无监督学习的应用领域

（3）强化学习。强化学习是智能系统从环境到行为映射的学习，以使强化信号函数值最大。由于外部环境提供的信息很少，强化学习系统必须靠自身的经历进行学习。强化学习的目标是学习从环境状态到行为的映射，使得智能体选择的行为能够获得环境最大的奖赏，使得外部环境对学习系统在某种意义下的评价为最佳。强化学习在如图2-4所示等领域获得成功应用。

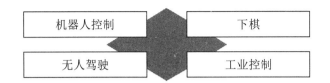

图2-4 强化学习的应用领域

2.按学习方法分类

根据学习方法可以将机器学习分为图2-5所示的两类。

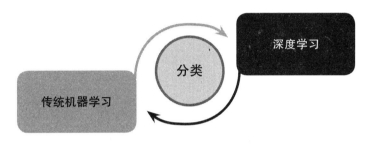

图2-5 根据学习方法将机器学习分类

（1）传统机器学习。传统机器学习从一些观测（训练）样本出发，试图发现不能通过原理分析获得的规律，实现对未来数据行为或趋势的准确预测。相关算法包括逻辑回归、隐马尔科夫方法、支持向量机方法、K近邻方法、三层人工神经网络方法、Adaboost算法、贝叶斯方法以及决策树方法等。传统机器学习平衡了学习结果的有效性与学习模型的可解释性，为解决有限样本的学习问题提供了一种框架，主要用于有限样本情况下的模式分类、回归分析、概率密度估计等。传统机器学习方法共同的重要理论基础之一是统计学，在如图2-6所示的许多计算机领域获得了广泛应用。

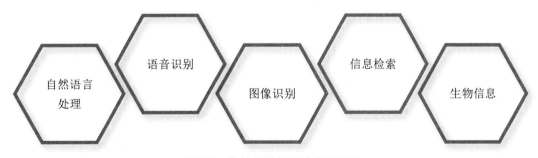

图2-6 传统机器学习的应用领域

（2）深度学习。深度学习是建立深层结构模型的学习方法，典型的深度学习算法包括深度置信网络、卷积神经网络、受限玻尔兹曼机和循环神经网络等。深度学习又称为深度神经网络（指层数超过3层的神经网络）。深度学习作为机器学习研究中的一个新兴领域，由Hinton等人于2006年提出。深度学习源于多层神经网络，其实质是给出了一种将特征表示和学习合二为一的方式。深度学习的特点是放弃了可解释性，单纯追求学习的有效性。经过多年的摸索尝试和研究，已经产生了诸多深度神经网络的模型，其中卷积神经网络、循环神经网络是两类典型的模型。卷积神经网络常被应用于空间性分布数据；循环神经网络在神经网络中引入了记忆和反馈，常被应用于时间性分布数据。深度学习框架是进行深度学习的基础底层框架，一般包含主流的神经网络算法模型，提供稳定的深度学习API，支持训练模型在服务器和GPU、TPU间的分布式学习，部分框架还具备在包括移动设备、云平台在内的多种平台上运行的移植能力，从而为深度学习算法带来前所未有的运行速度和实用性。目前主流的开源算法框架有Tensor Flow、Caffe/Caffe 2、CNTK、MXNet、Paddle-paddle、Torch/Py Torch、Theano等。

3.按算法分类

根据算法可将机器学习分为图2-7所示的三类。

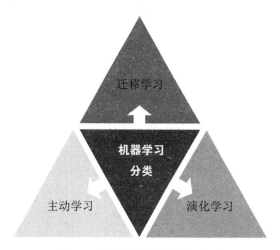

图2-7　根据算法将机器学习分类

（1）迁移学习。迁移学习是指当在某些领域无法取得足够多的数据进行模型训练时，利用另一领域数据获得的关系进行的学习。迁移学习可以把已训练好的模型参数迁移到新的模型指导新模型训练，可以更有效地学习底层规则、减少数据量。目前的迁移学习技术主要在变量有限的小规模应用中使用，如基于传感器网络的定位、文字分类和图像分类等。未来迁移学习将被广泛应用于解决更有挑战性的问题，如视频分类、社交网络分析、逻辑推理等。

（2）主动学习。主动学习是指通过一定的算法查询最有用的未标记样本，并交由专家进行标记，然后用查询到的样本训练分类模型来提高模型的精度。主动学习能够选择性地获取知识，通过较少的训练样本获得高性能的模型，最常用的策略是通过不确定性准则和差异性准则选取有效的样本。

（3）演化学习。演化学习对优化问题性质要求极少，只需能够评估解的好坏即可，适用于求解复杂的优化问题，也能直接用于多目标优化。演化算法包括粒子群优化算法、多目标演化算法等。目前针对演化学习的研究主要集中在演化数据聚类、对演化数据更有效的分类，以及提供某种自适应机制以确定演化机制的影响等。

二、知识图谱

知识图谱本质上是结构化的语义知识库，是一种由节点和边组成的图数据结构，以符号形式描述物理世界中的概念及其相互关系，其基本组成单位是"实体—关系—实体"三元组，以及实体及其相关"属性—值"对。不同实体之间通过关系相互联结，构成网状的知识结构。在知识图谱中，每个节点表示现实世界的"实体"，每条边为实体与实体之间的"关系"。通俗地讲，知识图谱就是把所有不同种类的信息连接在一起而得到的一个关系网络，提供了从"关系"的角度去分析问题的能力。

知识图谱可用于反欺诈、不一致性验证、组团欺诈等公共安全保障领域，需要用到异常分析、静态分析、动态分析等数据挖掘方法。

知识图谱在图2-8所示的应用领域有很大的优势，已成为业界的热门工具。但是，知识图谱的发展还有很大的挑战，如数据的噪声问题，即数据本身有错误或者数据存在冗余。随着知识图谱应用的不断深入，还有一系列关键技术需要突破。

图2-8　知识图谱的优势应用领域

三、自然语言处理

自然语言处理是计算机科学领域与人工智能领域中的一个重要方向，研究能实现人与计算机之间用自然语言进行有效通信的各种理论和方法，涉及的领域较多，主要包括机器翻译、语义理解和问答系统等。

1.机器翻译

机器翻译是指利用计算机技术实现从一种自然语言到另外一种自然语言的翻译过程。

基于统计的机器翻译方法突破了之前基于规则和实例翻译方法的局限性，翻译性能取得巨大提升。基于深度神经网络的机器翻译在日常口语等一些场景的成功应用已经显现出了巨大的潜力。随着上下文的语境表征和知识逻辑推理能力的发展，自然语言知识图谱不断扩充，机器翻译将会在多轮对话翻译及篇章翻译等领域取得更大进展。

目前，非限定领域机器翻译中性能较佳的一种是统计机器翻译，包括训练及解码两个阶段。训练阶段的目标是获得模型参数，解码阶段的目标是利用所估计的参数和给定的优化目标，获取待翻译语句的最佳翻译结果。统计机器翻译主要包括语料预处理、词对齐、短语抽取、短语概率计算、最大熵调序等步骤。基于神经网络的端到端翻译方法不需要针对双语句子专门设计特征模型，而是直接把源语言句子的词串送入神经网络模型，经过神经网络的运算，得到目标语言句子的翻译结果。在基于端到端的机器翻译系统中，通常采用递归神经网络或卷积神经网络对句子进行表征建模，从海量训练数据中抽取语义信息，与基于短语的统计翻译相比，其翻译结果更加流畅自然，在实际应用中取得了较好的效果。

2.语义理解

语义理解是指利用计算机技术实现对文本篇章的理解，并且回答与篇章相关问题的过程。语义理解更注重于对上下文的理解以及对答案精准程度的把控。随着MCTest数据集的发布，语义理解受到更多关注，取得了快速发展，相关数据集和对应的神经网络模型层出不穷。语义理解技术将在智能客服、产品自动问答等相关领域发挥重要作用，进一步提高问答与对话系统的精度。

在数据采集方面，语义理解通过自动构造数据方法和自动构造填空型问题的方法来有效扩充数据资源。为了解决填充型问题，一些基于深度学习的方法相继提出，如基于注意力的神经网络方法。当前主流的模型是利用神经网络技术对篇章、问题建模，对答案的开始和终止位置进行预测，抽取出篇章片段。

微视角

对于进一步泛化的答案，处理难度进一步提升，目前的语义理解技术仍有较大的提升空间。

3.问答系统

问答系统分为开放领域的对话系统和特定领域的问答系统。问答系统技术是指让计算机像人类一样用自然语言与人交流的技术。人们可以向问答系统提交用自然语言表达的问题，系统会返回关联性较高的答案。尽管问答系统目前已经有了不少应用产品出现，但大多是在实际信息服务系统和智能手机助手等领域中的应用，在问答系统鲁棒性方面仍然存在着问题和挑战。

自然语言处理面临图2-9所示的四大挑战。

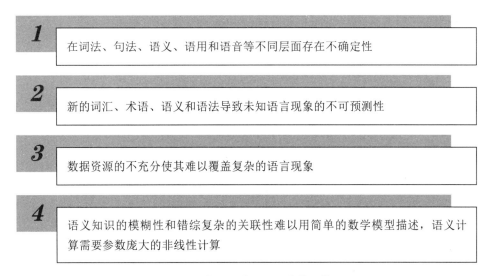

1 在词法、句法、语义、语用和语音等不同层面存在不确定性

2 新的词汇、术语、语义和语法导致未知语言现象的不可预测性

3 数据资源的不充分使其难以覆盖复杂的语言现象

4 语义知识的模糊性和错综复杂的关联性难以用简单的数学模型描述，语义计算需要参数庞大的非线性计算

图2-9　自然语言处理面临的挑战

四、人机交互

人机交互主要研究人和计算机之间的信息交换，主要包括人到计算机和计算机到人的两部分信息交换，是人工智能领域的重要的外围技术。人机交互是与认知心理学、人机工程学、多媒体技术、虚拟现实技术等密切相关的综合学科。传统的人与计算机之间的信息交换主要依靠交互设备进行，主要包括键盘、鼠标、操纵杆、数据服装、眼动跟踪器、位置跟踪器、数据手套、压力笔等输入设备，以及打印机、绘图仪、显示器、头盔式显示器、音箱等输出设备。人机交互技术除了传统的基本交互和图形交互外，还包括语音交互、情感交互、体感交互及脑机交互等技术，以下对后四种与人工智能关联密切的典型交互手段进行介绍。

1.语音交互

语音交互是一种高效的交互方式，是人以自然语音或机器合成语音同计算机进行交互的综合性技术，结合了语言学、心理学、工程和计算机技术等领域的知识。语音交互不仅要对语音识别和语音合成进行研究，还要对人在语音通道下的交互机理、行为方式等进行研究。语音交互过程包括图2-10所示的四部分。

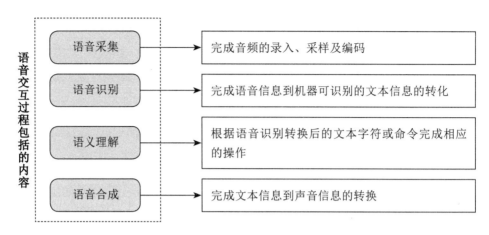

图2-10　语音交互过程包括的内容

作为人类沟通和获取信息最自然便捷的手段，语音交互比其他交互方式具备更多优势，能为人机交互带来根本性变革，是大数据和认知计算时代未来发展的制高点，具有广阔的发展前景和应用前景。

2.情感交互

情感是一种高层次的信息传递，而情感交互是一种交互状态，它在表达功能和信息时传递情感，勾起人们的记忆或内心的情愫。传统的人机交互无法理解和适应人的情绪或心境，缺乏情感理解和表达能力，计算机难以具有类似人一样的智能，也难以通过人机交互做到真正的和谐与自然。情感交互就是要赋予计算机类似于人一样的观察、理解和生成各种情感的能力，最终使计算机像人一样能进行自然、亲切和生动的交互。情感交互已经成为人工智能领域中的热点方向，旨在让人机交互变得更加自然。

> **微视角**
>
> 　　目前，在情感交互信息的处理方式、情感描述方式、情感数据获取和处理过程、情感表达方式等方面还有诸多技术挑战。

3.体感交互

体感交互是个体不需要借助任何复杂的控制系统，以体感技术为基础，直接通过肢体动作与周边数字设备装置和环境进行自然的交互。依照体感方式与原理的不同，体感技术主要分为三类：惯性感测、光学感测以及光学联合感测。体感交互通常由运动追踪、手势识别、运动捕捉、面部表情识别等一系列技术支撑。与其他交互手段相比，体感交互技术无论是硬件还是软件方面都有了较大的提升，交互设备向小型化、便携化、使用方便化等方面发展，大大降低了对用户的约束，使得交互过程更加自然。

目前，体感交互在如图2-11所示等领域有了较为广泛的应用。

图2-11 体感交互的应用领域

4.脑机交互

脑机交互又称为脑机接口，指不依赖于外围神经和肌肉等神经通道，直接实现大脑与外界信息传递的通路。脑机接口系统检测中枢神经系统活动，并将其转化为人工输出指令，能够替代、修复、增强、补充或者改善中枢神经系统的正常输出，从而改变中枢神经系统与内外环境之间的交互作用。脑机交互通过对神经信号解码，实现脑信号到机器指令的转化，一般包括图2-12所示的三个模块。

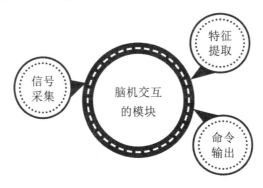

图2-12 脑机交互的模块

从脑电信号采集的角度，一般将脑机接口分为侵入式和非侵入式两大类。除此之外，脑机接口还有如图2-13所示的常见分类方式。

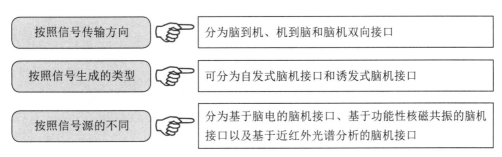

图2-13 脑机接口的常见分类方式

五、计算机视觉

计算机视觉是使用计算机模仿人类视觉系统的科学，让计算机拥有类似人类提取、处理、理解和分析图像以及图像序列的能力。自动驾驶、机器人、智能医疗等领域均需要通过计算机视觉技术从视觉信号中提取并处理信息。近来随着深度学习的发展，预处理、特征提取与算法处理渐渐融合，形成端到端的人工智能算法技术。根据解决的问题，计算机视觉可分为图2-14所示的五大类。

图2-14　计算机视觉的分类

1.计算成像学

计算成像学是探索人眼结构、相机成像原理以及其延伸应用的科学。在相机成像原理方面，计算成像学不断促进现有可见光相机的完善，使得现代相机更加轻便，可以适用于不同场景。同时计算成像学也推动着新型相机的产生，使相机超出可见光的限制。在相机应用科学方面，计算成像学可以提升相机的能力，从而通过后续的算法处理使得在受限条件下拍摄的图像更加完善，例如图像去噪、去模糊、暗光增强、去雾霾等，以及实现新的功能，例如全景图、软件虚化、超分辨率等。

2.图像理解

图像理解是通过用计算机系统解释图像，实现类似人类视觉系统理解外部世界的一门科学。通常根据理解信息的抽象程度可分为图2-15所示的三个层次。

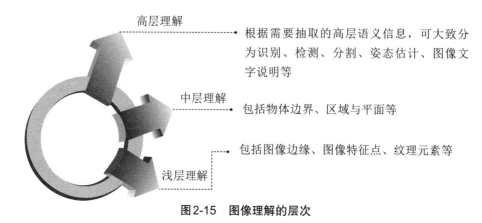

图2-15　图像理解的层次

目前，高层图像理解算法已逐渐广泛应用于人工智能系统，如刷脸支付、智慧安防、图像搜索等。

3.三维视觉

三维视觉即研究如何通过视觉获取三维信息（三维重建）以及如何理解所获取的三维信息的科学。三维重建可以根据重建的信息来源，分为单目图像重建、多目图像重建和深度图像重建等。三维信息理解，即使用三维信息辅助图像理解或者直接理解三维信息。三维信息理解可分为图2-16所示的三个层次。

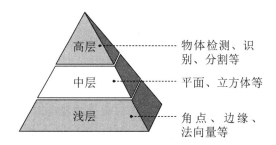

图2-16　三维信息理解的层次

三维视觉技术可以广泛应用于机器人、无人驾驶、智慧工厂、虚拟/增强现实等方向。

4.动态视觉

动态视觉即分析视频或图像序列，模拟人处理时序图像的科学。通常动态视觉问题可以定义为寻找图像元素，如像素、区域、物体在时序上的对应，以及提取其语义信息的问题。动态视觉研究被广泛应用在视频分析以及人机交互等方面。

5.视频编解码

视频编解码是指通过特定的压缩技术，将视频流进行压缩。视频流传输中最为重要的编解码标准有国际电联的H.261、H.263、H.264、H.265、M-JPEG和MPEG系列标准。视频压缩编码主要分为图2-17所示的两大类。

指使用压缩后的数据进行重构时，重构后的数据与原来的数据完全相同，例如磁盘文件的压缩

称为不可逆编码，指使用压缩后的数据进行重构时，重构后的数据与原来的数据有差异，但不会影响人们对原始资料所表达的信息产生误解。有损压缩的应用范围广泛，例如视频会议、可视电话、视频广播、视频监控等

图2-17　视频压缩编码的分类

资讯平台

目前，计算机视觉技术发展迅速，已具备初步的产业规模。未来计算机视觉技术的发展主要面临以下挑战。

一是如何在不同的应用领域和其他技术更好地结合。计算机视觉在解决某些问题时可以广泛利用大数据，已经逐渐成熟并且可以超过人类，而在某些问题上却无法达到很高的精度。

二是如何降低计算机视觉算法的开发时间和人力成本。目前计算机视觉算法需要大量的数据与人工标注，需要较长的研发周期以达到应用领域所要求的精度与耗时。

三是如何加快新型算法的设计开发。随着新的成像硬件与人工智能芯片的出现，针对不同芯片与数据采集设备的计算机视觉算法的设计与开发也是挑战之一。

六、生物特征识别

生物特征识别技术是指通过个体生理特征或行为特征对个体身份进行识别认证的技术。

1.生物特征识别的两个阶段

从应用流程看，生物特征识别通常分为注册和识别两个阶段，如图2-18所示。

 注册阶段

通过传感器对人体的生物表征信息进行采集，如利用图像传感器对指纹和人脸等光学信息、麦克风对说话声等声学信息进行采集，利用数据预处理以及特征提取技术对采集的数据进行处理，得到相应的特征进行存储

采用与注册过程一致的信息采集方式对待识别人进行信息采集、数据预处理和特征提取，然后将提取的特征与存储的特征进行比对分析，完成识别

 识别过程

图2-18 生物特征识别的两个阶段

2.生物特征识别的两种任务

从应用任务看，生物特征识别一般分为辨认与确认两种任务，如图2-19所示。

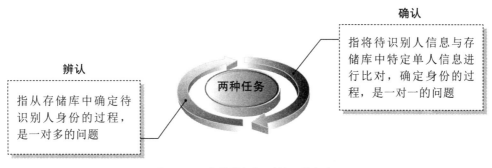

确认

指将待识别人信息与存储库中特定单人信息进行比对，确定身份的过程，是一对一的问题

辨认

指从存储库中确定待识别人身份的过程，是一对多的问题

两种任务

图2-19　生物特征识别的两种任务

3.生物特征识别技术的内容

生物特征识别技术涉及的内容十分广泛，包括指纹、掌纹、人脸、虹膜、指静脉、声纹、步态等多种生物特征，其识别过程涉及图像处理、计算机视觉、语音识别、机器学习等多项技术。目前，生物特征识别作为重要的智能化身份认证技术，在金融、公共安全、教育、交通等领域得到广泛的应用。

（1）指纹识别。指纹识别过程通常包括数据采集、数据处理、分析判别三个过程，如图2-20所示。

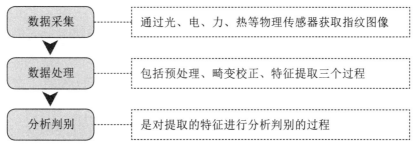

数据采集	通过光、电、力、热等物理传感器获取指纹图像
数据处理	包括预处理、畸变校正、特征提取三个过程
分析判别	是对提取的特征进行分析判别的过程

图2-20　指纹识别的过程

（2）人脸识别。人脸识别是典型的计算机视觉应用，从应用过程来看，可将人脸识别技术划分为图2-21所示的三个过程。人脸识别技术的应用主要受到光照、拍摄角度、图像遮挡、年龄等多个因素的影响，在约束条件下人脸识别技术相对成熟，在自由条件下人脸识别技术还在不断改进。

1 检测定位　**2** 面部特征提取　**3** 人脸确认

图2-21　人脸识别的过程

（3）虹膜识别。虹膜识别的理论框架主要包括虹膜图像分割、虹膜区域归一化、特征提取和识别四个部分，研究工作大多是基于此理论框架发展而来。虹膜识别技术应用的主要难题包含传感器和光照影响两个方面，如图2-22所示。

由于虹膜尺寸小且受黑色素遮挡，需在近红外光源下采用高分辨图像传感器才可清晰成像，对传感器质量和稳定性要求比较高

虹膜识别技术应用的主要难题

光照的强弱变化会引起瞳孔缩放，导致虹膜纹理产生复杂形变，增加了匹配的难度

图2-22　虹膜识别技术应用的主要难题

（4）指静脉识别。指静脉识别是利用了人体静脉血管中的脱氧血红蛋白对特定波长范围内的近红外线有很好的吸收作用这一特性，采用近红外光对指静脉进行成像与识别的技术。由于指静脉血管分布随机性很强，其网络特征具有很好的唯一性，且属于人体内部特征，不受到外界影响，因此模态特性十分稳定。指静脉识别技术应用面临的主要难题来自成像单元。

（5）声纹识别。声纹识别是指根据待识别语音的声纹特征识别说话人的技术。声纹识别技术通常可以分为前端处理和建模分析两个阶段。声纹识别的过程是将某段来自某个人的语音经过特征提取后与多复合声纹模型库中的声纹模型进行匹配，常用的识别方法可以分为图2-23所示的两种。

（6）步态识别。步态是远距离复杂场景下唯一可清晰成像的生物特征，步态识别是指通过身体体型和行走姿态来识别人的身份。相比上述几种生物特征识别，步态识别的技术难度更大，体现在其需要从视频中提取运动特征，以及需要更高要求的预处理算法，但步态识别具有图2-24所示的优势。

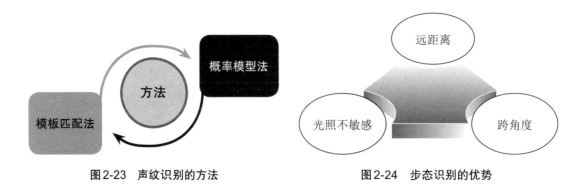

图2-23　声纹识别的方法　　　　　　　图2-24　步态识别的优势

七、虚拟现实/增强现实

虚拟现实（VR）/增强现实（AR）是以计算机为核心的新型视听技术，结合相关科学技术，在一定范围内生成与真实环境在视觉、听觉、触感等方面高度近似的数字化环境。用户借助必要的装备与数字化环境中的对象进行交互，相互影响，获得近似真实环境的感受和体验，通过显示设备、跟踪定位设备、触力觉交互设备、数据获取设备、专用芯片等实现。

1.虚拟现实/增强现实的处理阶段

虚拟现实/增强现实从技术特征角度，按照不同处理阶段，可以分为图2-25所示的五个方面。

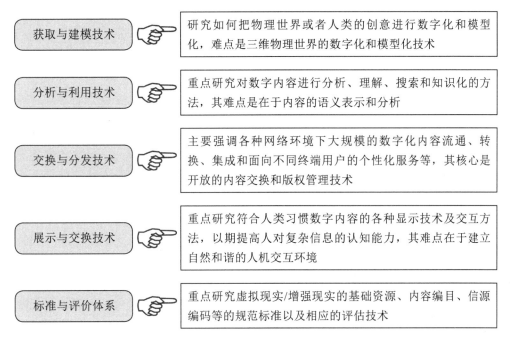

图2-25 虚拟现实/增强现实的技术处理阶段

2.虚拟现实/增强现实面临的挑战

目前，虚拟现实/增强现实面临的挑战主要体现在智能获取、普适设备、自由交互和感知融合四个方面。在硬件平台与装置、核心芯片与器件、软件平台与工具、相关标准与规范等方面存在一系列科学技术问题。总体来说，虚拟现实/增强现实呈现虚拟现实系统智能化、虚实环境对象无缝融合、自然交互全方位与舒适化的发展趋势。

人工智能技术发展趋势

人工智能技术在以下方面的发展有显著的特点，是进一步研究人工智能趋势的重点。

1. 技术平台开源化

开源的学习框架在人工智能领域的研发成绩斐然，对深度学习领域影响巨大。

开源的深度学习框架使得开发者可以直接使用已经研发成功的深度学习工具，减少二次开发，提高效率，促进业界紧密合作和交流。国内外产业巨头也纷纷意识到通过开源技术建立产业生态，是抢占产业制高点的重要手段。通过技术平台的开源化，可以扩大技术规模，整合技术和应用，有效布局人工智能全产业链。谷歌、百度等国内外龙头企业纷纷布局开源人工智能生态，未来将有更多的软硬件企业参与开源生态。

2. 专用智能向通用智能发展

目前的人工智能发展主要集中在专用智能方面，具有领域局限性。随着科技的发展，各领域之间相互融合、相互影响，需要一种范围广、集成度高、适应能力强的通用智能，提供从辅助性决策工具到专业性解决方案的升级。通用人工智能具备执行一般智慧行为的能力，可以将人工智能与感知、知识、意识和直觉等人类的特征互相连接，减少对领域知识的依赖性，提高处理任务的普适性，这将是人工智能未来的发展方向。未来的人工智能将广泛地涵盖各个领域，消除各领域之间的应用壁垒。

3. 智能感知向智能认知方向迈进

人工智能的主要发展阶段包括：运算智能、感知智能、认知智能，这一观点得到业界的广泛认可。早期阶段的人工智能是运算智能，机器具有快速计算和记忆存储能力。当前大数据时代的人工智能是感知智能，机器具有视觉、听觉、触觉等感知能力。随着类脑科技的发展，人工智能必然向认知智能时代迈进，即让机器能理解会思考。

··· ⟩

03

第三章
人工智能的基本要素

导言

数据、算法和算力是人工智能时代前进的三大马车，也是其核心驱动力和生产力。其中，大数据是人工智能持续发展的基石，算法为人工智能应用落地提供了可靠的理论保障，算力是人工智能技术实现的保障。

一、数据

从软件时代到互联网，再到如今的大数据时代，数据的量和复杂性都经历了从量到质的改变，大数据引领人工智能发展进入重要战略窗口。

1.数据是人工智能发展的基石

从发展意义来看，人工智能的核心在于数据支持。

首先，大数据技术的发展打造坚实的素材基础。大数据具有体量大、多样性、价值密度低、速度快等特点。大数据技术能够通过数据采集、预处理、存储及管理、分析及挖掘等方式，从各种各样类型的海量数据中，快速获得有价值的信息，为深度学习等人工智能算法提供坚实的素材基础。人工智能的发展也需要大量的知识和经验，而这些知识和经验就是数据，人工智能需要有大数据支撑，反过来人工智能技术也同样促进了大数据技术的进步，两者相辅相成，任何一方技术的突破都会促进另外一方的发展。

其次，人工智能创新应用的发展更离不开公共数据的开放和共享。从国际上看，开发、开放和共享政府数据已经成为普遍潮流，英美等发达国家已经在公共数据驱动人工智能方面取得一定成效。而我国当前仍缺乏国家层面的整体战略设计与部署，政府数据开放仍处于起步阶段。在开放政府数据成为全球政府共识的背景下，我国应顺应历史发展潮流，抓住大数据背景下发展人工智能这一珍贵历史机遇，加快数据开发、开放和共

享步伐，提升国家经济与社会竞争力。

2.数据是人工智能发展的助推剂

从发展现状来看，人工智能技术取得突飞猛进的进展得益于良好的大数据基础。

首先，海量数据为训练人工智能提供了原材料。据WeAreSocial公司统计，全球独立移动设备用户渗透率超过了总人口的67％，活跃互联网用户突破了41亿人，接入互联网的活跃移动设备超过了50亿台。根据IDC之前的预测，2020年，全球将总共拥有35ZB的数据量。如此海量的数据给机器学习带来了充足的训练素材，打造了坚实的数据基础。移动互联网和物联网的爆发式发展为人工智能的发展提供了大量学习样本和数据支撑。

其次，互联网企业依托大数据成为人工智能的排头兵。Facebook近五年里积累了超过12亿的全球用户；IBM服务的很多客户拥有PB级的数据；Google的20亿行代码都存放在代码资源库中，提供给全部2.5万名Google工程师调用；亚马逊AWS为全球190个国家/地区超过百万家企业、政府以及创业公司和组织提供支持。在中国，百度、阿里巴巴、腾讯分别通过搜索、产业链、用户掌握着数据流量入口，体系和工具日趋成熟。

再者，公共服务数据成为各国政府关注的焦点。美国联邦政府已在Data.gov数据平台开放多个领域13万个数据集的数据，这些领域包括农业、商业、气候、教育、能源、金融、卫生、科研等多个主题。英国、加拿大、新西兰等国都建立了政府数据开放平台。在我国，上海率先在内地推出首个数据开放平台，之后，北京、武汉、无锡、佛山、南京等城市也都陆续上线数据平台。

另外，基于产业数据协同的人工智能应用层出不穷。海尔借助拥有上亿用户数据的SCRM大数据平台，建立了需求预测和用户活跃度等数据模型，年转化的销售额达到60亿元；益海鑫星、有理数科技和阿里云数加平台合作，以中国海洋局的遥感卫星数据和全球船舶定位画像数据为基础，打造围绕海洋的数据服务平台，服务于渔业、远洋贸易、交通运输、金融保险、石油天然气、滨海旅游、环境保护等众多行业，从智能指导远洋捕捞到智能预测船舶在港时间，场景不断丰富。

> **微视角**
>
> 大数据为人工智能的发展提供了必要条件。现阶段，在大数据角度，制约我国人工智能发展的关键在于缺乏高质量大数据应用基础设施、公共数据开放共享程度不够、社会参与数据增值开发进展缓慢、标准缺乏时效性等。

二、算法

当前，人工智能算法已经能够完成智能语音语义、计算机视觉等智能化任务，在棋类、电子游戏对弈、多媒体数据生成等前沿领域取得了一定进展，为人工智能应用落地提供了可靠的理论保障。

1.算法的设计逻辑

人工智能算法的设计逻辑可以从"学什么""怎么学"和"做什么"三个维度进行概括。

首先是学什么。人工智能算法需要学习的内容，是能够表征所需完成任务的函数模型。该函数模型旨在实现人们需要的输入和输出的映射关系，其学习的目标是确定两个状态空间（输入空间和输出空间）内所有可能取值之间的关系。

其次是怎么学。算法通过不断缩小函数模型结果与真实结果误差来达到学习目的，一般该误差称为损失函数。损失函数能够合理量化真实结果和训练结果的误差，并将之反馈给机器继续做迭代训练，最终实现学习模型输出和真实结果的误差处在合理范围。

最后是做什么。机器学习主要完成三件任务，即分类、回归和聚类。目前多数人工智能落地应用，都是通过对现实问题抽象成相应的数学模型，分解为这三类基本任务进行有机组合，并对其进行建模求解的过程。

2.算法的主要任务

人工智能实际应用问题经过抽象和分解，主要可以分为回归、分类和聚类三类基本任务，针对每一类基本任务，人工智能算法都提供了各具特点的解决方案，如表3-1所示。

表 3-1　人工智能主要算法分类

回归任务	分类任务	聚类任务
线性回归（正则化） 回归树（集成方法） 最邻近算法 深度学习	逻辑回归（正则化） 分类树（集成方法） 支持向量机 朴素贝叶斯 深度学习	K均值 仿射传播 分层/层次 聚类算法

（1）回归任务的算法。回归是一种用于连续型数值变量预测和建模的监督学习算法。目前回归算法最为常用的主要有四种，即线性回归（正则化）、回归树（集成方法）、最邻近算法和深度学习。

（2）分类任务的算法。分类算法用于分类变量建模及预测的监督学习算法，分类算法往往适用于类别（或其可能性）的预测。其中最为常用的算法主要有五种，分别为逻辑回归（正则化）、分类树（集成方法）、支持向量机、朴素贝叶斯和深度学习方法。

（3）聚类任务的算法。聚类算法基于数据内部结构来寻找样本集群的无监督学习任务，使用案例包括用户画像、电商物品聚类、社交网络分析等。其中最为常用的算法主要有四种，即K均值、仿射传播、分层/层次和聚类算法（Density-Based Spatial Clustering of Applications with Noise，DBSCAN）。

3.新算法不断提出

近年来，以深度学习算法为代表的人工智能技术快速发展，在计算机视觉、语音识别、语义理解等领域都实现了突破。但其相关算法目前并不完美，有待继续加强理论性研究，也不断有很多新的算法理论成果被提出，如胶囊网络、生成对抗网络、迁移学习等。

（1）胶囊网络是为了克服卷积神经网络的局限性而提出的一种新的网络架构。卷积神经网络存在着难以识别图像中的位置关系、缺少空间分层和空间推理能力等局限性。受到神经科学的启发，人工智能领军人物Hinton提出了胶囊网络的概念。胶囊网络由胶囊而不是由神经元构成，胶囊由一小群神经元组成，输出为向量，向量的长度表示物体存在的估计概率，向量的方向表示物体的姿态参数。胶囊网络能同时处理多个不同目标的多种空间变换，所需训练数据量小，从而可以有效地克服卷积神经网络的局限性，理论上更接近人脑的行为。但胶囊网络也存在着计算量大、大图像处理上效果欠佳等问题，有待进一步研究。

（2）生成对抗网络（GAN：Generative Adversarial Networks）是于2014年提出的一种生成模型。该算法的核心思想来源于博弈论的纳什均衡，通过生成器和判别器的对抗训练进行迭代优化，目标是学习真实数据的分布，从而可以产生全新的、与观测数据类似的数据。与其他生成模型相比，GAN有生成效率高、设计框架灵活、可生成具有更高质量的样本等优势，2016年以来研究工作呈爆发式增长，已成为人工智能一个热门的研究方向。但GAN仍存在难以训练、梯度消失、模式崩溃等问题，仍处于不断研究探索的阶段。

（3）迁移学习是利用数据、任务或模型之间的相似性，将学习过的模型应用于新领域的一类算法。迁移学习可大大降低深度网络训练所需的数据量，缩短训练时间。其中，Fine-Tune是深度迁移学习最简单的一种实现方式，通过将一个问题上训练好的模型进行简单的调整使其适用于一个新的问题，具有节省时间成本、模型泛化能力好、实现简单、少量的训练数据就可以达到较好效果的优势，已获得广泛应用。

三、算力

在人工智能的三个基本要素中，算力的提升直接提高了数据的数量和质量，提高了算法的效率和演进节奏，成为推动人工智能系统整体发展并快速应用的核心要素和主要驱动力。

人工智能计算具有并行计算的特征，按照工作负载的特点主要分为训练（Training）和推理（Inference）。传统的通用计算无法满足海量数据并行计算的要求，于是以CPU+GPU为代表的加速计算应运而生并得到了快速的发展，成为当前主流的人工智能算力平台，尤其是在面对训练类工作负载时具有很高的效率和明显的生态优势；推理类工作负载具有实时性要求高、场景化特征强、追求低功耗等特征，在不同的应用场景下呈现明显的差异化，除了GPU加速计算解决方案以外还出现了众多新的个性化算力解决方案，比如：基于FPGA、ASIC、ARM、DSP等架构的定制芯片和解决方案，其计算平台呈现明显的多样化特征。

算力的提升是个系统工程，不仅涉及芯片、内存、硬盘、网络等所有硬件组件，同时也要根据数据类型和应用的实际情况对计算架构、对资源的管理和分配进行优化。目前提升算力的手段主要是两种，一种是与应用无关的，通过对架构和核心组件的创新，提升整体系统的算力水平；另一种是与应用强相关的，通过定制芯片、硬件和系统架构，为某个或某类应用场景和工作负载提供算力。

国际上来看，谷歌发布第二代TPU，Intel通过收购布局人工智能市场，Nvidia不断推出新的GPU产品和软件，微软和AWS率先在云端推出AIaaS服务，美国科技企业以核心技术和创新精神引领着人工智能市场的发展及算力的提升。

目前，中国厂商仍然缺乏算力的核心技术，算力的供给主要还是由服务器厂商将国际厂商的解决方案产品化来实现。但我们也看到，领先的厂商已经开始在芯片、算法框架、应用部署和管理工具等方面加大研发和投入，丰富和加强自己的算力平台，并且已经取得了一定的成果。

伴随算力的提升，尤其是GPU等技术应用于人工智能之后，极大提升了算法的效率和演进的节奏，使产业界看到了人工智能实际应用的可能，推动算法的研究走出实验室，更多地与产业和行业相结合，衍生出丰富的与行业应用和场景相关的算法分支，从而形成了算力、算法和数据的良性互动，促进了人工智能生态的快速发展和繁荣。

第四章
人工智能的产业应用

◆ 导言 ◆

　　人工智能作为新一轮产业变革的核心驱动力，将催生新的技术、产品、产业、业态、模式，从而引发经济结构的重大变革，实现社会生产力的整体提升。麦肯锡预计，到2025年全球人工智能应用市场规模总值将达到1270亿美元，人工智能将是众多智能产业发展的突破点。

一、人工智能产业应用视图

　　当前人工智能理论和技术日益成熟，应用范围不断扩大，产业正在逐步形成、不断丰富，相应的商业模式也在持续演进和多元化。人工智能产业应用从下到上分为软硬件支撑层、产品层和应用层，如图4-1所示。

1.软硬件支撑层

　　该层包括了硬件平台和软件平台。

　　（1）硬件平台。硬件主要包括CPU、GPU等通用芯片，深度学习、类脑等人工智能芯片以及传感器、存储器等感知存储硬件，主导厂商主要为云计算服务提供商、传统芯片厂商以及新兴人工智能芯片厂商。

　　（2）软件平台。软件平台可细分为开放平台、应用软件等，开放平台层主要指面向开发者的机器学习开发及基础功能框架，如TensorFlow开源开发框架、百度PaddlePaddle开源深度学习平台以及讯飞、腾讯、阿里等公司的技术开放平台；应用软件主要包括计算机视觉、自然语言处理、人机交互等软件工具以及应用这些工具开发的相关应用软件。

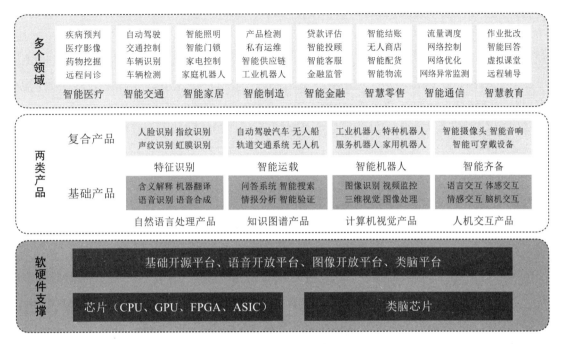

图4-1 人工智能产业应用视图

核心器件多元化创新，带动AI计算产业发展。GPU、DSP、FPGA、ASIC以及类脑等人工智能芯片创新频繁，支撑云侧、端侧AI计算需求。AI计算产业快速发展，尤其是云端深度学习计算平台的需求正在快速释放。以英伟达、谷歌、英特尔为首的国外企业加快各类AI技术创新，我国寒武纪、深鉴科技等企业也在跟进。

关键平台逐步形成，是产业竞争焦点。优势企业如谷歌、亚马逊、脸书加快部署机器学习、深度学习底层平台，建立产业事实标准。目前业内已有近40个各类AI学习框架，生态竞争异常激烈。典型企业如科大讯飞、商汤科技利用技术优势建设开放技术平台，为开发者提供AI开发环境，建设上层应用生态。

2.产品层

产品层包括基础产品和复合产品。其中基础产品又包括了基础语言处理产品、知识图谱产品、计算机视觉产品、人机交互产品四类，是人工智能底层的技术产品，是人工智能终端产品和行业解决方案的基础。复合产品可看作为人工智能终端产品，是人工智能技术的载体，目前主要包括可穿戴产品、机器人、无人车、智能音箱、智能摄像头、

特征识别设备等终端及配套软件。

人工智能产品形式多样，已涵盖了听觉、视觉、触觉、认知等多种形态。无论是基础产品还是复合产品，能够支持处理文字、语音、图像、感知等多种输入或输出形式，产品形式多样，如语音识别、机器翻译、人脸识别、体感交互等。全球互联网企业积极布局各产品领域，加强各类产品AI技术创新，有效支撑各种应用场景。

3.应用层

应用层是指人工智能技术对各领域的渗透形成"人工智能+"的行业应用终端、系统及配套软件，然后切入各种场景，为用户提供个性化、精准化、智能化服务，深度赋能医疗、交通、金融、零售、教育、家居、农业、制造、网络安全、人力资源、安防等领域。

人工智能应用领域没有专业限制。通过人工智能产品与生产生活的各个领域相融合，对于改善传统环节流程、提高效率、提升效能、降低成本等方面提供了巨大的推动作用，大幅提升业务体验，有效提升各领域的智能化水平，给传统领域带来变革。

二、软硬件支撑平台产业与应用发展现状

1.多种人工智能芯片快速创新

人工智能的发展浪潮成为拉动芯片市场增长的新的驱动力。人工智能芯片在人工智能整体市场规模占比将呈现逐年递增态势。

（1）人工智能芯片产业体系初步形成。人工智能芯片是指能够实现各类深度学习算法加速的计算芯片。深度学习算法的运行对卷积、矩阵乘法运算任务以及内存存取等操作较为频繁，对更擅长串行逻辑运算的CPU而言计算效率较低，难以满足需求。现阶段，人工智能芯片类型主要涵盖GPU、FPGA、ASIC、类脑芯片，如图4-2所示。

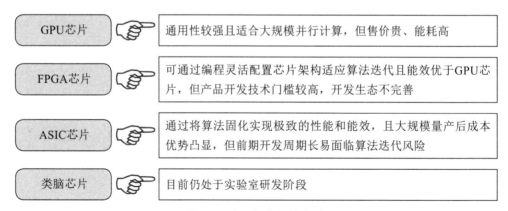

图4-2　人工智能芯片类型

（2）领先企业加快人工智能芯片布局。在资本密集投资人工智能芯片领域的背后，是逐步成熟和快速发展的人工智能芯片市场。在对人工智能芯片的布局上，除了全球知名的芯片巨头如英特尔、英伟达、高通等，互联网巨头谷歌、脸书等，国内寒武纪、华为、商汤科技、依图科技、深鉴科技、旷视科技、地平线机器人、百度、阿里等也加入激烈的人工智能芯片产业之中。

2.多方布局人工智能计算框架

（1）基础开发框架在人工智能产业链中占据承上启下的核心地位。在移动互联网时代，Android系统通过GMS与下游云服务松耦合，通过版本控制与上游芯片、整机厂商紧耦合，实现以Android操作系统为核心的移动互联网闭环生态。在人工智能时代，开发框架也具备媲美Android操作系统的核心地位，具有统领产业进步节奏、带动硬件配置、终端场景与云端服务协同发展的核心作用，占据承上启下的关键地位。

以Google深度学习开发框架Tensor Flow为例，Tensor Flow向上与谷歌云紧密绑定，以云平台模式提供云机器学习服务，向下与芯片和硬件厂商紧密耦合做定制优化，谷歌TPU专用于Tensor Flow。

（2）领先企业围绕开发框架平台呈现多元化发展模式。如图4-3所示。

1 纵向打通模式，从硬件到开源平台再到云平台至应用服务，贯通产业链上下游，构建全产业生态，谷歌为其典型代表

2 向上布局行业应用服务模式，以业务为导向，通过核心平台向上布局重点行业应用，如亚马逊、阿里等

3 算法下沉于硬件模式，核心算法固化于硬件，以硬件形态提供行业通用或专用计算能力，如寒武纪

4 以核心平台开放基础能力，为行业提供基础能力，如讯飞为行业提供语音识别基础技术，商汤为行业提供人脸识别基础技术等

图4-3　开发框架平台呈现多元化发展模式

在图4-3的四种发展模式中，云平台和应用服务产生的所有数据均回流于训练平台进行数据反哺，可有效提升平台的综合能力。

（3）国际巨头开源人工智能开发框架意图加快掌握技术产业组织的主动权。国际巨头纷纷布局开发框架，意图加快掌握技术产业组织的主动权，占领客户、应用和数据资源，逐步建立新的产业格局和技术标准。

2013年，伯克利大学贾清阳博士宣布开源深度学习框架Caffe，成为第一个主流工业级深度学习工具。2015年11月，Google开源深度学习框架Tensor Flow，具备深度学习基本算法，可满足图形分类、音频处理、推荐系统和自然语言处理等基本功能，成为GitHub最受欢迎的机器学习开源项目，目前吸引了ARM、京东等大批合作伙伴。2016年，亚马逊宣布MXNet作为其官方支持框架，具有优异分布式计算性能，拥有卡内基梅隆、英特尔、英伟达等众多合作伙伴，国内图森互联和地平线等公司也有使用。2015年11月，IBM宣布开源机器学习平台System ML，可根据数据和集群特性使用基于规则和基于成本的优化技术动态的编译和优化，应用在不同工业领域。2016年9月，百度开源其深度学习平台PaddlePaddle，可提供机器视觉、自然语言理解、搜索引擎排序、推荐系统等功能。2017年6月，腾讯和北京大学、香港科技大学联合开发的高性能分布式计算平台Angel正式开源，具有较强的容错设计和稳定性。众多开源学习框架促进了人工智能应用程序的发展。据IDC预测，到2020年，60%的人工智能应用程序将在开源平台上运行。

三、人工智能基础产品应用与发展现状

1.自然语言处理产品呈现实用化发展趋势

自然语言处理（NLP）是指机器理解并解释人类写作、说话方式的能力，是人工智能和语言学的一部分，它致力于使用计算机理解或产生人类语言中的词语或句子。自然语言处理主要涉及图4-4所示的几种，自然语言类产品呈现实用化的发展趋势，但是产品成熟度上仍存在较大的提升空间。

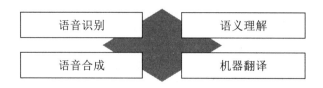

图4-4　自然语言处理产品主要涉及的范围

（1）语音识别受到国内外商业和学术界的广泛关注，在无噪声无口音干扰情况下可接近人类水平。目前语音识别的技术成熟度较高，已达到95%的准确度，但背景噪声仍难解决，实际应用仅限于近距离使用。

我国语音识别技术研究水平良好，基本上与国外同步，科大讯飞语音识别成功率达到97%，离线识别率亦达95%。此外，我国在汉语语音识别技术上还有自己的特点与优势，已达到国际先进水平。语音识别产品方面，微软、谷歌、亚马逊，以及国内的百度、讯飞、思必驰等企业均推出了各自基于语音交互的产品，其中以输入法、车载语音、智能家居、教育测评最为普遍。

（2）机器翻译是当前最热门的应用方向，由于自然语言语义分析的复杂性，翻译水平还远不能和人类相比。近年来机器翻译技术越发成熟，各大厂商都积极投身于这个备受关注的机器翻译领域，谷歌使用深度学习技术，显著提升了翻译的性能与质量。各大互联网公司相继推出自己的翻译系统，谷歌、微软、有道、科大讯飞、百度、搜狗等均上线或更新了翻译产品。

比如，阿里机器翻译基于阿里巴巴海量的电商数据，并结合机器学习、自然语言处理技术，实现多语言语种识别与自动翻译功能，为跨境电商信息本地化与跨语言沟通提供精准、快捷、可靠的在线翻译服务。2017年科大讯飞晓译翻译机1.0plus可以在没有网络的情况下提供基本翻译功能。

机器翻译应用情景简单，具体有词典翻译软件、计算机辅助翻译软件和机器翻译软件，目前还主要体现在简单沟通交流层面，如商业交流、旅游交际、新闻编译、游戏组队、影片字幕、国际比赛等。

受到语义理解所限制，也不具备优秀的人工译者所有的丰富的人生阅历和创造性想象力，机器很难翻译有背景的复杂句子，此外，对于书籍翻译、专业性强的高级会议口译等翻译质量要求高的场景，机器翻译技术还有待提高。

2.知识图谱从实际问题出发呈现多维度应用

知识图谱概念由谷歌2012年正式提出，其初衷是为了提高搜索引擎的能力，改善用户的搜索质量以及搜索体验。知识图谱是具有向图结构的一个知识库，其中图的节点代表实体或概念，而图的边代表实体（概念）之间的各种语义关系，其起源可以追溯到20世纪50年代的语义网络，本质上是使机器用接近于自然语言语义的方式存储信息，从而提升智能信息检索能力，现已被广泛应用于智能搜索、智能问答、个性化推荐等领域。

知识图谱经历了由人工和群体协作构建到利用机器学习和信息抽取技术自动获取的过程。早期知识图谱主要依靠人工处理获得，如英文WordNet和Cyc项目。通过人工处理，知识图谱将上百万条知识处理为机器能够理解的形式，使机器拥有判断和推理能力。随着互联网上最大群体智能知识库维基百科的建立，出现了DBpedia、YAGO以及Freebase等依托大规模协同合作建立的知识图谱。随着大数据时代的到来，知识图谱的数据来源不再局限于百科类的半结构化数据和各类型网络数据。知识图谱利用机器学习和信息抽取技术自动获取Web上的信息构建知识库，并更关注知识清洗、知识融合和知识表示技术，如华盛顿大学图灵中心的Knowh All和Text Runner、卡内基梅隆大学的"永不停歇的语言学习者"（Never-Ending Language Learner，NELL）都是这种类型的知识图谱。

目前，大多数知识图谱都是采用自底向上的方式进行构建，包括图4-5所示的三个阶段。

图4-5　知识图谱构建的阶段

由于互联网上存在大量异构资源，通常无法通过自顶向下预先定义或直接得到本体的数据。因此，自底向上就成了当前知识图谱的主要构建模式，即首先获得知识图谱的实体数据，通过知识获取、知识融合、知识加工以及知识更新构建图谱本体。半结构和非结构化数据将通过概念层次学习、机器学习的方法实现知识获取。异构知识库将通过语义集成等方法实现知识融合。此外，对于经过融合的新知识需进行进一步加工，旨在实现质量评估，以确保知识库的质量。

基于知识图谱的服务和应用是当前人工智能的研究热点。当前，知识图谱的应用可以归纳为图4-6所示的三个方面。

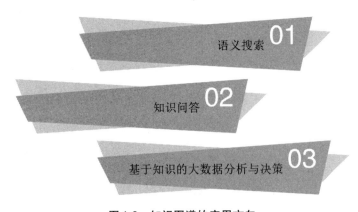

图4-6　知识图谱的应用方向

（1）在语义搜索方面，由于知识图谱所具有的良好定义的结构形式，语义搜索利用建立大规模数据库对关键词和文档内容进行语义标注，从而改善搜索结果。

国外搜索引擎以谷歌搜索和微软Bing最为典型。一方面，基于知识图谱的搜索引擎相继融入了维基百科、CIA世界概览等公共资源。另一方面，搜索引擎与Facebook、Twitter等大型社交企业达成了合作协议，在个性化内容的搜集、定制化方面具有显著优势。

国内主流搜索引擎公司近年来也相继将知识图谱的相关研究从概念转向具体产品应用。

比如，搜狗"知立方"是国内搜索引擎中的第一款知识图谱产品，它通过整合碎片化的语义信息，对用户的搜索进行逻辑推荐与计算，并将核心知识反馈给用户。百度将知识图谱命名为"知心"，主要致力于构建一个庞大的通用型知识网络，以图文并茂的形式展现知识的各方面。

（2）在知识问答方面，基于知识图谱的问答系统通过对用户使用自然语言提出的问题进行语义分析和语法分析，进而将其转化成结构化形式的查询语句，然后在知识图谱中查询答案。目前，国内外形式多样的问答平台都引入了知识图谱。

比如，苹果的智能语音助手Siri能够为用户提供回答、介绍以及搜索服务；亚马逊收购的自然语言助手Evi，采用True Knowledge引擎进行开发，也可提供类似Siri的服务。国内百度公司研发的小度机器人、小米智能音响、阿里巴巴天猫精灵等都引入知识图谱技术，开始提供交互式问答服务。

（3）在分析与决策方面，利用知识图谱可以辅助行业和领域的大数据分析和决策。

比如，在股票投研情报分析方面，通过知识图谱技术从招股书、公司年报/公告、券商研究报告、新闻等半结构化文本数据中自动抽取公司相关信息，可在某个宏观经济事件或者企业突发事件中通过此图谱做更深层次分析和更好的投资决策。目前，高盛、JP摩根、花旗银行等国际著名投行均开展了相关探索和应用。美国Netflix也利用其订阅用户的注册信息和观看行为构建知识图谱，分析用户喜好从而推出新的在线剧集。

3.技术产业协同发展推动计算机视觉实现商业价值

计算机视觉指通过电子化的方式来感知和认知影像，以达到甚至超越人类视觉智能的效果，是人工智能领域最受关注的方向之一。虽然计算机视觉在当前阶段仍然存在大量尚待解决的问题，但得益于深度学习算法的成熟和应用，以图像分类识别为代表的侧重感知智能的计算机视觉产品已经广泛应用于安防、金融、零售等产业，助力相关产业向智能化方向升级。

神经网络和深度学习的快速发展极大地推动了计算机视觉的发展，大型神经网络在计算机视觉的部分细分领域已经取得优秀的成果。

比如，2017年Image Net最后一届图像分类竞赛上，基于大型神经网络的分类算法在图像分类（1000类）任务中，将TOP5分类的错误率降至2.25‰，已经大幅领先于人眼的分类识别能力。2018年在Activity Net视频理解竞赛上，百度团队在Kinetics视频动作识别任务中将平均错误率降至10.9%，所使用的相关技术已经应用于实际线上视频分类系统，为视频打标签、视频对比和视频推荐等业务场景提供语义化解析功能。

计算机视觉产品已在安防、金融、互联网、零售、医疗、移动及娱乐等产业逐步输

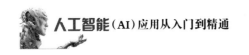

出商业价值。

（1）在金融、移动、安防等产业，人脸识别是当前商业成熟度较高的计算机视觉产品，广泛应用于账号身份认证、手机刷脸解锁、人流自动统计和特定人物甄别等诸多场景。

（2）在互联网、零售、移动产业，图像搜索产品可为用户提供更为便捷的视觉搜索能力。

比如，eBay于2017年10月在其购物平台上增加了新的反向图像搜索工具，以帮助用户使用现有照片查找商品项目；Google公司2018年3月宣布其Google Lens图像搜索服务目前已可应用于Android和iOS（通过Google Photo项目）智能手机，该服务通过手机摄像头查看周遭环境并为用户提供与之相关的情境信息。

（3）在医疗产业，计算机视觉可提供临床治疗中早期病理筛查能力。

比如，加州大学伯克利分校放射与生物医学成像系和放射学大数据小组在对早期阿尔茨海默病诊断研究中，通过计算机视觉技术在小规模测试（对来自40名患者的40个成像检查的单独测试）中，对平均发病超过6年的阿尔茨海默病病例发现率达到了100%。

 资讯平台

　　全球计算机视觉产业发展迅速，计算机视觉公司快速涌现。根据Markets and Markets报告显示，2017年基于人工智能的计算机视觉全球市场规模为23.7亿美元，预计2023年会达到253.2亿美元。预测期（2018～2023）内复合年增长率47.54%。市场上一大批计算机视觉公司如雨后春笋般快速涌现，其中以谷歌、微软、亚马逊为代表的大型跨国科技企业除计算机视觉领域外，还积极布局人工智能全产业各个领域。我国企业虽然在计算机视觉领域起步较晚，但发展速度很快，已经涌现出一批市场估值高达百亿元人民币的独角兽企业。

　　比如，成立于2014年的商汤科技，广泛服务于安防、金融、移动等产业，客户包括Qualcomm、英伟达、银联、华为等知名企业及政府机构。2017年7月，商汤科技宣布完成4.1亿美元B轮融资，创下当时全球人工智能领域单轮融资最高纪录。2018年，商汤科技在4月和5月连续宣布获得6亿美元C轮融资和6.2亿美元C+轮融资。成立于2015年的云从科技，深耕安防、银行、机场等重点产业场景，先后与公安部、四大银行、中国民航局等产业界成立联合实验室。2017年11月云从科技正式完成B轮融资，总计获得25亿元人民币发展资金。成立于2014年的码隆科技，为京东、唯品会、可口可乐、蒙牛等零售企业提供商品属性识别、商品图像检索服务。2017年11月码隆科技完成由软银中国领投的2.2亿元人民币的B轮融资，成为软银中国在华投资的第一家人工智能公司。

4.人机交互产品已在多个领域实现落地

人机交互主要是研究人和计算机之间的信息交换，按照交互方式分为语音交互、情感交互、体感交互、脑机交互。目前，人机交互已取得一定研究成果，依赖不同的人机交互技术，不少产品已经问世，并覆盖多个领域。但从整体上来看，受语音、视觉、语义理解等技术条件的限制，人机交互产业还处于萌芽期。

（1）人脸表情交互在移动应用产品设计中已得到初步应用。

比如，由Takuto Onishi开发的iOS应用程序"twika^o^"，可以帮用户把人物面部真实表情转化成文字符号表情。

（2）体感交互目前处于发展初期，主要应用在智能家居、体感游戏等方面，用户可以利用自己的身体移动来控制智能家居设备。

比如，Kinect一直在体感游戏方面发力，国内也有相关产品出现，例如速盟享动、绿动、运动加加等，但是在效果体验等方面发展参差不齐。

（3）语音助手在人工智能领域的发展已相对完善。目前，智能语音助手还处于智能应用的早期，只是作为一个内置或用户下载的APP供用户使用，在实际应用中并没有起到很大效应。智能语音助手使用率、活跃率、留存率都较低，语音交互输出在很多场景下是无法展现图片那样丰富的信息的，一句语音的输入反馈输出的信息量更少，得不断进行高频率的互动来提高识别率。从应用方向和场景来看，语音助手主要用于消费级市场和专业级行业应用，如图4-7所示。

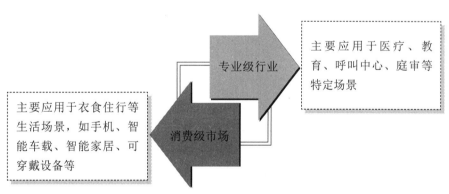

图4-7　智能语音助手的主要应用方向和场景

（4）脑机交互将助力人工智能迈向人类智能。国外的脑机交互研究中，"植入式"技术美国、荷兰领先，美国在人机应用研究方面已实现了突破。

"非植入式"技术则初探市场，产品迭出。

比如，日本本田公司生产了意念控制机器人，操作者可以通过想象自己的肢体运动来控制身边机器人进行相应的动作。美国罗切斯特大学开展一项研究：受试者可以通过P300信号控制虚拟现实场景中的一些物体，例如开关灯或者操纵虚拟轿车等。

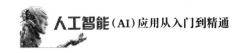

四、人工智能复合产品应用与发展现状

1.生物识别技术持续融合至各领域

生物识别产品主要是指通过人类生物特征进行身份认证的一种产品。人类的生物特征通常具有唯一性、可测量或可自动识别和验证、遗传性或终身不变等特点，因此生物识别认证技术较传统认证技术存在较大的优势。通过对生物特征进行取样，提取其唯一的特征并且转化成数字代码，并进一步将这些代码组成特征模板。生物识别产品包含诸如指纹识别、人脸识别、虹膜识别、指静脉识别、声纹识别以及眼纹识别等。

（1）指纹识别是通过分析指纹全局和局部特征，例如脊、谷、终点、分叉点或分歧点，再经过比对来确认一个人的身份。指纹识别是最成熟、成本最低的生物识别技术，其在生物识别技术产业的占比最高。但随着其他识别技术的发展，指纹识别技术所占比重逐年下降。

（2）人脸识别通过面部特征和面部器官之间的距离、角度、大小外形而量化出一系列的参数来进行识别。由于人脸识别具有使用方便且适用于公共安全等多人群领域，被广泛应用于智能家居、手机识别以及人脸联网核查等领域，其占比逐渐攀升。但人脸识别所涉及的器官多、面积又大，因此它的识别非常复杂，人脸识别的精度比较高，但相比其他识别技术成本略高。

（3）虹膜识别是利用虹膜终身不变性和差异性的特点来识别身份，因为每个虹膜都包含着一个独一无二的基于像冠、水晶体、细丝、斑点、凹点、皱纹和条纹等特征的结构。理论上虹膜终身不变，虹膜识别的认假率为1/1500000，高于指纹识别的1/50000，安全程度高，更适合作为"密码"。

比如，美国得克萨斯州联合银行已经将虹膜识别系统应用于储户辨识，储户办理银行业务无需银行卡，更无需回忆密码——通过ATM上的一台摄像机首先对用户的虹膜进行扫描，然后将扫描图像转化成数字信息并与数据库中的资料核对，即可实现对用户的身份认证。

虽然虹膜识别安全性高但成本过高，普及尚需时间，目前主要应用于银行金库加密、军队国防等领域。

（4）声纹识别是通过测试、采集声音的波形和变化，与登记过的声音模板进行匹配。这是一种非接触式的识别技术，实现方式非常自然。但是，声音变化范围非常大，音量、速度、音质的变化都会影响到采集与对比的结果。但通过录音或者合成能很轻松地伪造声音，安全性较差，目前应用于社保、公安刑侦手机锁屏等领域。

 **相关链接** ◁ ···

生物识别技术的发展趋势

近年来，随着世界各国对安防领域重视度的提高，身份识别技术与产品也逐渐趋于成熟与完善，生物特征识别迎来了一个快速发展的时期，人脸识别、虹膜识别、静脉识别等生物特征识别技术正快速发展，市场应用场景广阔，产品比重不断增加。目前，指纹识别产品所占比重已由90%左右下降到不到60%，生物识别产业正在朝着多元化方向发展并呈现以下两个特点。

其一，生物特征识别产业链趋于完善，市场规模快速增长。

在我国，生物特征识别企业数量快速增长，企业规模不断加大，生物特征识别市场规模呈爆发式增长。当前，生物特征识别领域内的企业已从20余家发展到200余家，市场规模也已达到数十亿元。以人脸识别为例，目前已形成了包括人脸识别算法研究企业等在内的多种产业角色的完整产业链。目前随着电子护照的逐渐推出，安全问题受到进一步的关注，我国的生物特征识别产业还存在较大的发展空间，未来产业规模有望进一步加大。

其二，生物识别产业呈现多元化发展，安防领域成为应用热点。

目前，在我国生物特征识别产业中，指纹识别技术和产品仍然占据主导地位，但随着人脸识别、虹膜识别、静脉识别、声纹识别等技术迅猛发展，各种模态的生物特征识别产品和市场潜力不可低估。当前随着人们对安全性的不断重视，出现了如生物特征识别门禁在内的一批安防产品，未来安防领域将逐步采用生物识别技术以提升安全性能。

·· ➤

2.以自动驾驶为代表的智能运载产品发展迅速

智能运载产品主要应用有自动驾驶、无人机、无人船等，目前智能运载产品应用处于迅速发展阶段，无人机和无人船的发展较成熟，已有初步应用，而自动驾驶还处于研发和实验阶段。

（1）自动驾驶的应用现状。根据美国高速路安全管理局（NTHSA）的定义，汽车自动驾驶可分为四个阶段，目前高级别自动驾驶车辆尚处于研究实验阶段，未进行产业化。近两年，各大自动驾驶的企业相继公布了实现自动驾驶量产的时间表，大都集中在2020～2025年。Level-2级别的自动驾驶车辆，即高级辅助驾驶（ADAS）车辆已实现量产化。

随着汽车智能化趋势加速和安全需求的提升，未来全球ADAS市场渗透率将大幅提高。2020年，全球ADAS渗透率有望达到25%，全球新车ADAS搭载率有望达到50%。

自动驾驶可分为"渐进性""革命性"两大技术路线。当前自动驾驶领域根据入局企业所采用的技术可大致分为两大路线：一是福特、宝马、奥迪等传统车企所采用的"渐进性"路线，即在汽车上逐步增加一些自动驾驶功能，依托摄像头、导航地图以及各种传感器，为驾驶员提供自动紧急制动、全景泊车、自适应巡航等辅助驾驶功能；二是谷歌、百度等互联网科技巨头所采用的"革命性"路线，通过使用激光雷达、高清地图和人工智能技术直接实现无人驾驶目的，强调产品的创新和便捷性。

（2）无人机的应用现状。随着无人机研发技术逐渐成熟，制造成本大幅降低，无人机在各个领域得到了广泛应用。无人机按照应用领域主要分为军用无人机、工业无人机、消费无人机，如图4-8所示。

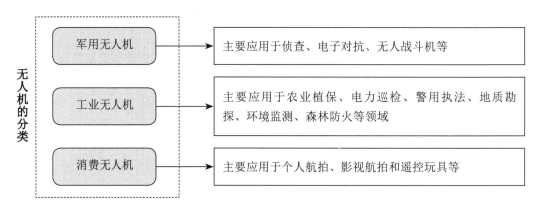

图4-8　无人机的分类

目前部分消费无人机已能通过传感器、摄像头等进行自动避障，同时还能依靠机器视觉对飞行环境进行检测，分析所处环境特征从而实现自我规划路径。

比如，2016年，Intel通过智能算法成功实现500架多旋翼无人机上演空中编队灯光秀，消费无人机开始朝更高级别的无人机智能化迈进。

3.智能机器人技术与产品创新活跃

从应用的角度区分，智能机器人可以分为工业机器人、个人/家用服务机器人、公共服务机器人和特种机器人四类，如图4-9所示。

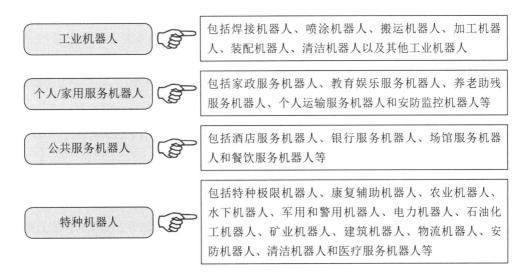

工业机器人 ☞ 包括焊接机器人、喷涂机器人、搬运机器人、加工机器人、装配机器人、清洁机器人以及其他工业机器人

个人/家用服务机器人 ☞ 包括家政服务机器人、教育娱乐服务机器人、养老助残服务机器人、个人运输服务机器人和安防监控机器人等

公共服务机器人 ☞ 包括酒店服务机器人、银行服务机器人、场馆服务机器人和餐饮服务机器人等

特种机器人 ☞ 包括特种极限机器人、康复辅助机器人、农业机器人、水下机器人、军用和警用机器人、电力机器人、石油化工机器人、矿业机器人、建筑机器人、物流机器人、安防机器人、清洁机器人和医疗服务机器人等

图4-9 智能机器人的分类

（1）工业机器人。工业机器人市场集中度高，是机器人应用最为广泛的行业领域。新型工业机器人能够取代人工进行繁重的制造过程，在专业的金属加工自动化中它可用于金属器件制作、搬运、码垛，还拥有智能服务内核、学习型"大脑"，在训练与实践过程中可以不断地提升金属产品的加工精度。规模庞大的汽车生产制造业也是智能工业机器人的主要战场，汽车制造业对于制造精密度以及生产柔性的需求，使得制造机器人在该领域更好地大展身手，数百个机器人灵活地旋转、搬运、组装、焊接，加工中的车身雏形随着传送带被送往下一道工序。其中，车身车间运用智能机器人进行智能焊接，涂装车间应用智能机器人设备实现喷涂自动化，检测车间对故障实现全自动精准检测，打造100%的误差判断准确率。这些功能全部依靠性能优异、高度协同、全智能化的机器人助力实现。

（2）个人/家用服务机器人。人工智能的兴起推动了家政行业的智能化，个人/家用机器人的应用更加广泛。

比如，家政行业的领导企业"管家帮"推出家庭服务类智能管家机器人，可实现语音交互控制完成家政服务在线下单、拨打电话、家居布防、亲情陪护、健康监测、远程监控、主动提醒、居家娱乐、启蒙早教、应急报警、语言学习等诸多服务，是儿童的玩伴及老年人的贴心守护者。日本软银开售的类人机器人有学习能力，可表达情感，会说话，能看护婴幼儿和患病者，甚至在聚会时给人做伴。它们可以使用云计算分享数据，从而发展自己的情感能力，但不会共享主人的个人信息。英特尔公司推出的3D打印机器人，除了走路、说话，还能帮主人发微博、翻译语言或开冰箱拿饮料。我国小米公司开发的扫地机器人能够自主探知障碍物和室内地形，实现对室内的自动化清洁。

（3）公共服务机器人。公共服务机器人在酒店、金融、电信、电力、物流等具有大

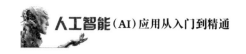

规模智能服务需求的行业中广泛应用，在低投入的基础上为企业提供优质高效的服务。

比如，米克力美的智能酒店服务机器人能自动学习酒店的通道、电梯和房间位置，自动构建虚拟电子地图来进行导航，确定行走道路，能自动避让人和障碍物，并且可自动乘坐电梯。实现无人陪伴的情况下独自完成各项服务，降低了酒店人工成本的同时提升运营效率。小i智能客服机器人是一种全新的智能工具，可以24小时在线实时回复用户提问，作为人工客户服务的有效补充，目前已经与招商银行、平安银行、建设银行等银行及中国联通、中国移动等近千家公司达成合作。

在仓储物流领域，具备搬运、码垛、分拣等功能的智能机器人，已成为物流行业当中的一大热点。

比如，2012年亚马逊以6.78亿美元买下自动化物流提供商Kiva的机器人仓储业务后，利用机器人来处理仓库的货物盘点以及配货等工作，所有员工只需要在固定的位置进行盘点或配货，而Kiva机器人则负责将货物（连同货架）一块搬到员工面前。Starship公司推出了一种专门用来小件货物配送的"盒子机器人"，其硬件上配置了一系列摄像头和传感器，能够保障其安全行走在人行道上，在指定时间从物流中心出发，穿越大街小巷来到顾客家门口完成快递任务。在配送过程中，所携带的包裹都是被严密封锁，接收者只有通过其智能手机才能打开。阿里自主研发的机器人"曹操"接到订单后，可以迅速定位出商品在仓库分布的位置，并且规划最优拣货路径，拣完货后会自动把货物送到打包台。在2018年的"618购物节"期间，京东、阿里菜鸟、顺丰等物流企业积极应用仓内机器人、分拣机器人等智能设备，提升仓储自动化、智能化水平。

（4）特种机器人。特种机器人智能化水平不断提升，替代人类完成特殊环境下难以完成的工作。

在医疗领域，国产手术机器人"天玑"在骨科类手术中已经进入临床实践，有效减少了骨科手术人工操作过程中可能造成的脊髓、血管损伤风险。在诊后康复环节，具有轻量化、高柔韧性的康复机器人开始逐步应用推广。

比如，上海璟和机器人公司推出的多体位智能康复机器人系统Flexbot，适用于各级医疗机构的康复科、骨科、神经内科、脑外科等相关临床科室，用以开展临床步态分析，具有机器人步态训练、虚拟行走互动训练、步态分析和康复评定等功能。

在农业特种机器人领域，美国投资公司Khosla Ventures的报告指出，农业特种机器人能够自己识别区分作物与杂草，用专门的除草剂对杂草选点喷洒，能够降低农药污染20%，同时降低种植成本。

 资讯平台

我国智能机器人产业技术水平持续提升。工业机器人领域，新松、新时达、云南

昆船、北京机科领衔本土工业机器人第一梯队，相关产品逐步获得市场认可。新松集团将人工智能和虚拟现实技术应用于国内首台7自由度协作机器人，实现了快速配置、牵引示教、视觉引导、碰撞检测等功能。服务机器人领域，我国服务机器人的智能化水平已基本可与国际先进水平媲美，涌现出一批以深圳旗瀚科技、深圳越疆等为代表的有竞争力的创新创业企业。特种机器人领域，开诚智能、GQY视讯、海伦哲等企业创新活跃，技术水平不断进步，在室内定位、高精度定位导航与避障、汽车底盘危险物品快速识别等技术领域取得了突破。

4.智能设备未来市场空间广阔

（1）人工智能与可穿戴智能设备融合带来全新的科技体验。可穿戴设备包含智能手表、智能眼镜、智能服装、计步器等多种产品形态，通过采用感知、识别、无线通信、大数据等技术实现用户互动、生活娱乐、医疗健康等功能，为佩戴者提供一个完美的科技体验。可穿戴智能设备将会成为人的一部分，作为传感器的载体，进一步补充和延伸人体感知能力，实现人、机、云端更高级、无缝的交互，实现情景感知。

（2）可穿戴设备市场目前处于初期阶段，产品同质化严重。可穿戴智能设备被广泛应用在社会多个领域，在医疗、金融支付、身份认证甚至工业领域发挥重要作用。然而，目前智能穿戴市场的同质化严重，很多产品既无痛点又非刚需，实用性难以让人满意，消费者对可穿戴设备的依赖性并不强。如健康手环种类很多，核心功能就是测步、监控睡眠等。

资讯平台

就目前来看，可穿戴设备市场仍处于初期阶段，继苹果、三星、华为等企业进入智能穿戴领域后，康佳、联想等越来越多的企业开始瞄准细分领域，并纷纷推出相关产品，如三星Galaxy Gear智能手表、爱普生智能手表PS-500等。国内厂商也在积极布局，如果壳电子的智能手表Geak Watch、百度联合TCL发布的Boom Band手环、华为TalkBand B1等。

（3）智能音箱市场进入发展快车道。作为智能家居的组成部分之一，智能音箱独特的人机交互功能可以成为智能家居领域的入口终端，智能家居的广泛普及推动智能音箱行业的快速发展。据不完全统计，近几年国内外已经有超过500家公司开始布局智能音箱市场。整个智能音箱产业链上下游覆盖芯片和麦克风等硬件厂商、语音技术服务商、内容供应商、OEM/ODM供应商和互联网企业。

随着智能音箱的发展，产业链将实现"硬件+软件+内容+服务"的资源整合，逐渐形成生态闭环。智能音箱厂商通过开放语音识别和麦克风等软硬件技术、丰富语音服务技能、扩展智能设备连接，不断完善智能语音生态，也为企业通过捆绑内容与服务盈利提供条件，带动智能音箱销量增长。

（4）智能摄像头智能化水平快速提升，市场前景广阔。智能摄像头是民用安防市场最大的蓝海，除了传统安防企业，包括360、小米、康佳在内的众多互联网、家电企业都发布了智能摄像头产品。通过内嵌智能SOC芯片、GPU等硬件以及结构化分析、深度学习等机器视觉算法，智能摄像头智能化水平不断提升。目前，主流智能摄像头一般具备行为分析、异常侦测、识别检测、统计等功能，以海康"深眸"为代表的深度学习摄像头内置GPU处理器，采用深度学习算法在摄像头前端能够提取目标特征，形成深层可供学习的图像数据，极大地提升了目标的检出率。

五、人工智能的发展趋势

从人工智能产业进程来看，技术突破是推动产业升级的核心驱动力。数据资源、运算能力、核心算法共同发展，掀起人工智能第三次新浪潮。人工智能产业正处于从感知智能向认知智能的进阶阶段，前者涉及的智能语音、计算机视觉及自然语言处理等技术，已具有大规模应用基础，但后者要求的"机器要像人一样去思考及主动行动"仍尚待突破，诸如无人驾驶、全自动智能机器人等仍处于开发中，与大规模应用仍有一定距离。具体来说，人工智能的发展趋势如图4-10所示。

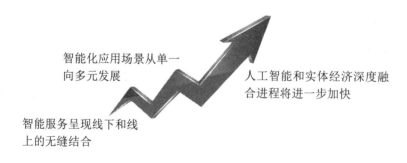

图4-10 人工智能的发展趋势

1.智能服务呈现线下和线上的无缝结合

分布式计算平台的广泛部署和应用，增大了线上服务的应用范围，同时人工智能技术的发展和产品不断涌现，如智能家居、智能机器人、自动驾驶汽车等，为智能服务带来新的渠道或新的传播模式，使得线上服务与线下服务的融合进程加快，促进多产业升级。

2.智能化应用场景从单一向多元发展

目前人工智能的应用领域还多处于专用阶段，如人脸识别、视频监控、语音识别等都主要用于完成具体任务，覆盖范围有限，产业化程度有待提高。随着智能家居、智慧物流等产品的推出，人工智能的应用终将进入面向复杂场景、处理复杂问题、提高社会生产效率和生活质量的新阶段。

3.人工智能和实体经济深度融合进程将进一步加快

党的十九大报告提出"推动互联网、大数据、人工智能和实体经济深度融合"，一方面，随着制造强国建设的加快将促进人工智能等新一代信息技术产品发展和应用，助推传统产业转型升级，推动战略性新兴产业实现整体性突破。另一方面，随着人工智能底层技术的开源化，传统行业将有望加快掌握人工智能基础技术并依托其积累的行业数据资源实现人工智能与实体经济的深度融合创新。

第五章
人工智能的伦理安全

就人工智能技术而言，安全、伦理和隐私问题直接影响人们与人工智能工具交互经验中对人工智能技术的信任。社会公众必须信任人工智能技术能够给人类带来的安全利益远大于伤害，才有可能发展人工智能。要保障安全，人工智能技术本身及在各个领域的应用应遵循人类社会所认同的伦理原则，其中应特别关注的是隐私问题，因为人工智能的发展伴随着越来越多的个人数据被记录和分析，而在这个过程中保障个人隐私则是社会信任能够增加的重要条件。

一、人工智能的伦理问题

人工智能是人类智能的延伸，也是人类价值系统的延伸。在其发展的过程中，应当包含对人类伦理价值的正确考量。设定人工智能的伦理要求，要依托于社会和公众对人工智能伦理的深入思考和广泛共识，并遵循一些共识原则，如图5-1所示。

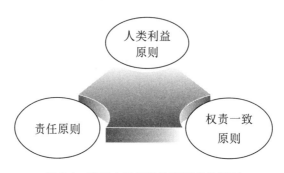

图5-1 设定人工智能伦理要求的原则

1.人类利益原则

人工智能应以实现人类利益为终极目标，这一原则体现对人权的尊重、对人类和自然环境利益最大化以及降低技术风险和对社会的负面影响。在此原则下，政策和法律应致力于人工智能发展的外部社会环境的构建，推动对社会个体的人工智能伦理和安全意识教育，让社会警惕人工智能技术被滥用的风险。

此外，还应该警惕人工智能系统作出与伦理道德偏差的决策。例如，大学利用机器学习算法来评估入学申请，假如用于训练算法的历史入学数据（有意或无意）反映出之前的录取程序的某些偏差（如性别歧视），那么机器学习可能会在重复累计的运算过程中恶化这些偏差，造成恶性循环。如果没有纠正，偏差会以这种方式在社会中永久存在。

2.责任原则

在技术开发和应用两方面都建立明确的责任体系，以便在技术层面可以对人工智能技术开发人员或部门问责，在应用层面可以建立合理的责任和赔偿体系。在责任原则下，在技术开发方面应遵循透明度原则；在技术应用方面则应当遵循权责一致原则。

其中，透明度原则要求了解系统的工作原理从而预测未来发展，即人类应当知道人工智能如何以及为何做出特定决定，这对于责任分配至关重要。例如，在神经网络这个人工智能的重要议题中，人们需要知道为什么会产生特定的输出结果。

另外，数据来源透明度也同样非常重要。即便是在处理没有问题的数据集时，也有可能面临数据中隐含的偏见问题。透明度原则还要求开发技术时注意多个人工智能系统协作产生的危害。

3.权责一致原则

在人工智能的应用领域，权利和责任一致的原则尚未在商界、政府对伦理的实践中完全实现，主要是由于在人工智能产品和服务的开发与生产过程中，工程师和设计团队往往忽视伦理问题，此外人工智能的整个行业尚未习惯于综合考量各个利益相关者需求的工作流程，人工智能相关企业对商业秘密的保护也未与透明度相平衡。

未来，政策和法律应该做出明确规定：一方面必要的商业数据应被合理记录、相应算法应受到监督、商业应用应受到合理审查；另一方面商业主体仍可利用合理的知识产权或者商业秘密来保护本企业的核心参数。

二、人工智能的安全问题

人工智能最大的特征是能够实现无人类干预的，基于知识并能够自我修正地自动化

运行。在开启人工智能系统后，人工智能系统的决策不再需要操控者进一步的指令，这种决策可能会产生人类预料不到的结果。设计者和生产者在开发人工智能产品的过程中可能并不能准确预知某一产品会存在的可能风险。

与传统的公共安全（例如核技术）需要强大的基础设施作为支撑不同，人工智能以计算机和互联网为依托，无需昂贵的基础设施就能造成安全威胁。掌握相关技术的人员可以在任何时间、地点且没有昂贵基础设施的情况下做出人工智能产品。人工智能的程序运行并非公开可追踪，其扩散途径和速度也难以精确控制。

在无法利用已有传统管制技术的条件下，对人工智能技术的管制必须另辟蹊径。换言之，管制者必须考虑更为深层的伦理问题，保证人工智能技术及其应用均应符合伦理要求，才能真正实现保障公共安全的目的。

由于人工智能技术的目标实现受其初始设定的影响，必须能够保障人工智能设计的目标与大多数人类的利益和伦理道德一致，即使在决策过程中面对不同的环境，人工智能也能做出相对安全的决定。从人工智能的技术应用方面看，要充分考虑到人工智能开发和部署过程中的责任和过错问题，通过为人工智能技术开发者、产品生产者或者服务提供者、最终使用者设定权利和义务的具体内容，来达到落实安全保障要求的目的。

三、人工智能的隐私问题

人工智能的近期发展是建立在大量数据的信息技术应用之上，不可避免地涉及个人信息的合理使用问题，因此对于隐私应该有明确且可操作的定义。人工智能技术的发展也让侵犯个人隐私（的行为）更为便利，因此相关法律和标准应该为个人隐私提供更强有力的保护。已有的对隐私信息的管制包括对使用者未明示同意的信息收集以及使用者明示同意条件下的个人信息收集两种类型的处理。人工智能技术的发展对原有的管制框架带来了新的挑战，原因是使用者所同意的个人信息收集范围不再有确定的界限，利用人工智能技术很容易推导出公民不愿意泄露的隐私，例如从公共数据中推导出私人信息，从个人信息中推导出和个人有关的其他人员（如朋友、亲人、同事）信息（在线行为、人际关系等），这类信息超出了最初个人同意披露的个人信息范围。

此外，人工智能技术的发展使得政府对于公民个人数据信息的收集和使用更加便利，大量个人数据信息能够帮助政府各个部门更好地了解所服务的人群状态，确保个性化服务的机会和质量。但随之而来的是，政府部门和政府工作人员个人不恰当使用个人数据信息的风险及潜在的危害应当得到足够的重视。

人工智能语境下的个人数据的获取和知情同意应该重新进行定义，其原因如图5-2所示。

1 相关政策、法律和标准应直接对数据的收集和使用进行规制，而不能仅仅征得数据所有者的同意

 2 应当建立实用、可执行的、适应于不同使用场景的标准流程以供设计者和开发者保护数据来源的隐私

 3 对于利用人工智能可能推导出超过公民最初同意披露的信息的行为应该进行规制

 4 政策、法律和标准对于个人数据管理应该采取延伸式保护，鼓励发展相关技术，探索将算法工具作为个体在数字和现实世界中的代理人

图5-2　重新定义人工智能语境下个人数据的获取和知情同意的原因

这种方式使得控制和使用两者得以共存，因为算法代理人可以根据不同的情况，设定不同的使用权限，同时管理个人同意与拒绝分享的信息。

 **相关链接** ‹··

人工智能安全内涵与体系架构

说明：以下内容节选自中国信息通信研究院（工业和信息化部电信研究院）安全研究所编制的《人工智能安全白皮书（2018年）》。

一、人工智能安全内涵

由于人工智能可以模拟人类智能，实现对人脑的替代，因此，在每一轮人工智能发展浪潮中，尤其是技术兴起时，人们都非常关注人工智能的安全问题和伦理影响。从1942年阿西莫夫提出"机器人三大定律"到2017年霍金、马斯克参与发布的"阿西洛马人工智能23原则"，如何促使人工智能更加安全和道德一直是人类长期思考和不断深化的命题。当前，随着人工智能技术快速发展和产业爆发，人工智能安全越发受到关注。一方面，现阶段人工智能技术不成熟性导致安全风险，包括算法不可解释性、数据强依赖性等技术局限性问题，以及人为恶意应用，可能给网络空间与国家社会带来安全风险；另一方面，人工智能技术可应用于网络安全与公共安全领域，感知、预测、预警信息基础设施和社会经济运行的重大态势，主动决策反应，提升网络防护能力与社会治理能力。

基于以上分析，项目组认为，人工智能安全内涵包含：一是降低人工智能不成熟性以及恶意应用给网络空间和国家社会带来的安全风险；二是推动人工智能在网络安

全和公共安全领域深度应用；三是构建人工智能安全管理体系，保障人工智能安全稳步发展。

二、人工智能安全体系架构

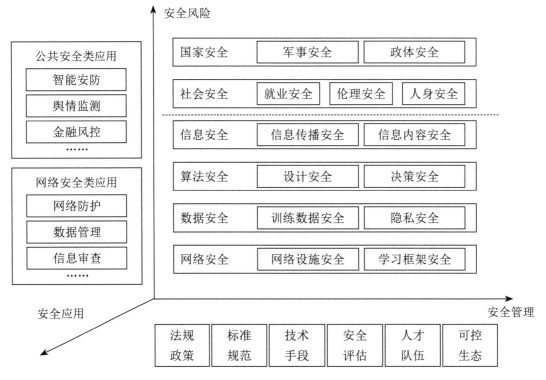

人工智能安全体系架构图

基于对人工智能安全内涵的理解，项目组提出覆盖安全风险、安全应用、安全管理三个维度的人工智能安全体系架构。架构中三个维度彼此独立又相互依存，其中，安全风险是人工智能技术与产业对网络空间安全与国家社会安全造成的负面影响；安全应用则是探讨人工智能技术在网络信息安全领域和社会公共安全领域中的具体应用方向；安全管理从有效管控人工智能安全风险和积极促进人工智能技术在安全领域应用的角度，构建人工智能安全管理体系。

1.人工智能安全风险

人工智能作为战略性与变革性信息技术，给网络空间安全增加了新的不确定性，人工智能网络空间安全风险包括：网络安全风险、数据安全风险、算法安全风险和信息安全风险。

网络安全风险涉及网络设施和学习框架的漏洞、后门安全问题，以及人工智能技术恶意应用导致的系统网络安全风险。

数据安全风险包括人工智能系统中的训练数据偏差、非授权篡改以及人工智能引发的隐私数据泄露等安全风险。

算法安全风险对应技术层中算法设计、决策相关的安全问题，涉及算法黑箱、算法模型缺陷等安全风险。

信息安全风险主要包括人工智能技术应用于信息传播以及人工智能产品和应用输出的信息内容安全问题。

考虑到人工智能与实体经济的深度融合发展，其在网络空间的安全风险将更加直接地传导到社会经济与国家政治领域。因此，从广义上讲，人工智能安全风险也涉及社会安全风险和国家安全风险。

社会安全风险是指人工智能产业化应用带来的结构性失业、对社会伦理道德的冲击以及可能给个人人身安全带来损害。

国家安全风险是指人工智能在军事作战、社会舆情等领域应用给国家军事安全和政体安全带来的风险隐患。

2.人工智能安全应用

人工智能因其突出的数据分析、知识提取、自主学习、智能决策、自动控制等能力，可在网络防护、数据管理、信息审查、智能安防、金融风控、舆情监测等网络信息安全领域和社会公共安全领域有许多创新性应用。

网络防护应用是指利用人工智能算法开展入侵检测、恶意软件检测、安全态势感知、威胁预警等技术和产品的研发。

数据管理应用是指利用人工智能技术实现对数据分级分类、防泄露、泄露溯源等数据安全保护目标。

信息审查应用是指利用人工智能技术辅助人类对表现形式多样、数量庞大的网络不良内容进行快速审查。

智能安防应用是指利用人工智能技术推动安防领域从被动防御向主动判断、及时预警的智能化方向发展。

金融风控应用是指利用人工智能技术提升信用评估、风险控制等工作效率和准确度，并协助政府部门进行金融交易监管。

舆情监测应用是指利用人工智能技术加强国家网络舆情监控能力，提升社会治理能力，保障国家安全。

3.人工智能安全管理

结合人工智能安全风险以及在网络空间安全领域中的应用，项目组研究提出包涵法规政策、标准规范、技术手段、安全评估、人才队伍、可控生态六个方面的人工智能安全管理思路，实现有效管控人工智能安全风险，积极促进人工智能技术在安全领域应用的综合目标。

法规政策方面，针对人工智能重点应用领域和突出的安全风险，建立健全相应的

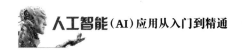

安全管理法律法规和管理政策。

标准规范方面，加强人工智能安全要求、安全评估评测等方面的国际、国内和行业标准的制定完善工作。

技术手段方面，建设人工智能安全风险监测预警、态势感知、应急处置等安全管理的技术支撑能力。

安全评估方面，加快人工智能安全评估评测指标、方法、工具和平台的研发，构建第三方安全评估评测能力。

人才队伍方面，加大人工智能人才教育与培养，形成稳定的人才供给和合理的人才梯队，促进人工智能安全持续发展。

可控生态方面，加强人工智能产业生态中薄弱环节的研究与投入，提升产业生态的自我主导能力，保障人工智能安全可控发展。

第二部分
应用篇

　　人工智能已逐渐渗透到社会的各个领域，引起经济结构、社会生活和工作方式的深刻变革，并重塑世界经济发展的新格局。

第六章
人工智能+教育

导言

　　当前人工智能、大数据等技术迅猛发展，教育智能化成为教育领域发展的方向。智能教育正改变现有教学方式，解放教师资源，对教育理念与教育生态引发深刻变革。优质教育内容与人工智能技术相互融合，将营造一个巨大的机会，开辟一片"智慧蓝海"。

一、人工智能与教育深度融合

　　人类社会的发展离不开科技的创新和教育的进步，一部人类文明史就是教育和科学相互激励、相互促进的历史。今天，以人工智能为代表的新一轮科技革命和产业变革风起云涌，正深刻改变着人们的生产、生活、学习方式，将人类从简单的脑力劳动中解放出来，推动人类社会迎来人机协同、跨界融合、共创分享的智能时代。

1.智能时代教育发展的特征

　　智能时代，生产、分配、交换、消费等经济环节将发生深刻变化，传统的社会结构、职业分工将产生重大调整。教育亦不能置身事外，应主动适应新的时代要求。以人工智能为代表的新一代信息技术的快速发展，将会对传统的教育理念、教育体系和教学模式产生革命性影响，从而进一步释放教育在推动人类社会发展过程中的巨大潜力。智能时代的教育发展将呈现出图6-1所示的四个特征。

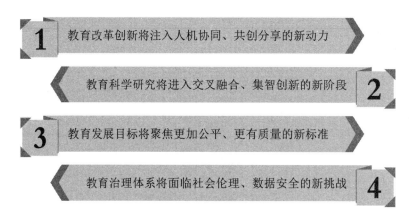

图6-1　智能时代教育发展的特征

2.智能时代教育发展的措施

针对上述智能时代教育的特征，为了更好地适应时代的发展，教育部提出图6-2所示的措施。

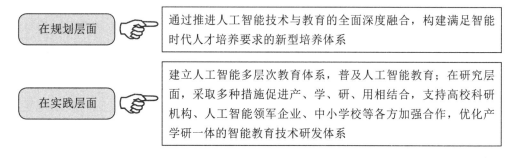

图6-2　智能时代教育发展的措施

 资讯平台 —

为了进一步促进人工智能与教育的融合发展，北京市教委于2019年7月下发了《北京促进人工智能与教育融合发展行动计划》，计划提出了三个阶段的发展目标。

到2020年，初步建成适应新一代人工智能发展的人才培养体系和科技创新体系，北京人工智能领域人才培养和科技创新优势进一步增强，人工智能在教育领域的应用与示范进一步扩展，人工智能成为教育变革新动力。

到2025年，人工智能领域人才培养质量和科技创新能力显著提升，人工智能与教育融合取得重要进展，涌现出一批国际前沿标志性原创成果，聚集起一批具有国际影响力的创新团队，有力支撑北京成为国际人工智能创新中心。

到2035年，北京人工智能与教育相互高效赋能，人工智能全面推动教育回归本真，教育持续支撑人工智能健康发展，为我国跻身创新型国家前列提供强有力的人才保障和科技支撑。

为了实现上述目标，北京市教委提出，未来将进一步推进人工智能素养教育及实践活动，实施青少年人工智能素养提升工程，推动人工智能学习纳入综合社会实践活动和开放性科学实践活动，全面储备未来人才。

同时，利用人工智能技术提升基础教育质量，突破优质均衡发展瓶颈，扩大优质教育覆盖面，缩小中心城区与远郊区以及校际间的差距，实现兼顾个性化和规模化的高质量基础教育。

3. 智能时代教育发展的变化

人工智能时代，课程内容、教学方法、师生关系和学校形态都将发生深刻的变化，人工智能将推动教育更好地履行传承文化、创造知识和培养人才的使命。如图6-3所示。

人工智能可以打破地区和学校之间的资源壁垒，使优质教育资源跨时空整合、配置和流转，实现随时可学、随地可学、人人可学

智能时代教育发展的变化

人工智能可以精准定位每个学生的学习状态，形成个性化知识图谱，智能诊断学习障碍，提供多样化、个性化、创新性教育服务，真正实现因材施教

图6-3　智能时代教育发展的变化

人工智能时代的教育，在适应变革的同时，必须要尊重教育的本质，遵循教育规律和人才成长规律，更加关注个性化、多样化和适应性的学习，更加关注人机协作的高效教学，更加关注核心素养导向的人才培养，同时也要更加关注每个人的健康成长和全面发展。此外，也要积极面对人工智能对孩子身心健康、传统教师角色伦理规范、安全等方面的挑战，积极寻求解决之道。

相关链接 ∢ ⋯⋯⋯⋯⋯⋯⋯⋯⋯⋯⋯⋯⋯⋯⋯⋯⋯⋯⋯⋯⋯⋯⋯

驱动人工智能进入教育领域的因素

人工智能目前正处在发展的初期阶段，对于应用场景有较为严格的要求，所以当前能够实现落地应用的场景需要具备多方面因素，比如规则清晰、重复率高、复杂度相对较低、任务有固定边界、外部影响因素较少等，而教育领域有不少场景与人工智能对于应用场景的要求有较高的匹配度，所以教育领域是率先实现人工智能产品落地应用的领域之一。

除了应用场景有较高的匹配度之外，教育领域需要人工智能还有以下几个方面的原因。

第一，优质教育资源相对匮乏。

教育领域的优质资源相对匮乏，导致很多地区无法分享到更优质的教育资源，通过人工智能技术可以将优质的教育资源覆盖到更大的范围，这是解决教育资源分配不均匀的方式之一。

第二，教育工作强度较大。

教育领域工作者的工作强度是比较大的，尤其是从事基础教育的工作者，常常需要长期进行重复率较高的工作，通过人工智能产品的应用，可以在一定程度上降低教育工作者的劳动强度，让教育工作者可以有更多的时间做更有意义的工作，比如培养学生的创造性等。

第三，教育需求量大。

随着产业结构升级的持续推进，未来不仅学生需要接受教育，广大的职场人也需要终身学习，这个市场需求是非常大的，而且职场人接受教育往往对于时间和空间都有更多的要求，这也是驱动人工智能进入教育领域的原因之一。

二、人工智能促进教育创新

随着人工智能在教育领域的应用日益广泛，人工智能必将引发教育模式、教学方式、教学内容、评价方式、教育治理、教师队伍等一系列的变革和创新，助力教育流程重组与再造，推动教育生态的演化，促进教育公平，提高教育质量。

具体来看，人工智能对教育的影响主要体现在图6-4所示的几个方面。

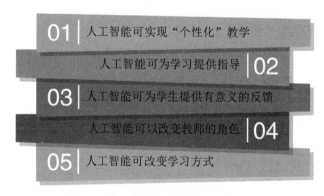

01 人工智能可实现"个性化"教学
人工智能可为学习提供指导 02
03 人工智能可为学生提供有意义的反馈
人工智能可以改变教师的角色 04
05 人工智能可改变学习方式

图6-4　人工智能促进教育创新的体现

1.人工智能可实现"个性化"教学

人工智能影响教育的关键方法之一，是为学生提供个性化学习。通过自适应学习程序、游戏和软件等系统响应学生的需求，全过程搜集学生的学习数据，通过分析这些数据，最后向学生推荐个性化的学习方案。

比如，"科大讯飞"目前主要通过三个步骤打造以学生为中心的课堂，实现个性化学习：首先对每一个学科构建学科知识图谱；然后通过学科的知识图谱分析每一位学生的学习情况，让每一位学生的学习情况可视化；最后给相应学生推荐个性化的学习资源。

人工智能可重复学生没有掌握的内容，并且帮助学生按照自己的节奏学习，比如"可汗学院"可以根据每个人的学习状况自主设计学习进程。这种定制教育可以帮助不同学习水平的学生在一个教室中一起学习，教师可以在需要时促进学习并提供帮助和支持。

2.人工智能可为学习提供指导

智能辅导系统能够理解学生喜欢的学习方式，它们还能够衡量学生已有的知识量，所有这些数据和分析都用于提供专门为该学生创建的说明和支持。试验和错误是学习的关键部分，但对于许多学生来说，错误的答案会给他们挫败感，有些学生不喜欢在同龄人或老师等权威人士面前犯错，而人工智能可以为学生提供在相对无判断的环境中进行试验和学习的方法，人工智能导师还可以提供改进的解决方案。现在一些基于人工智能的辅导课程已经存在，这可以帮助学生完成基础数学、写作和其他科目的基础知识学习。

3.人工智能可为学生提供有意义的反馈

人工智能不仅能让学生定制课程与学习进度，还能及时为学生提供反馈。

比如，"Coursera"已经将其付诸实践，当发现很多学生向系统提交错误的家庭作业答案时，系统会向教师发出警报，并为学生提供定制的消息，提供正确答案的提示。

这种类型的系统有助于填补课程中可能出现的空白，并有助于确保所有学生都能掌握知识，让学生立即得到反馈，帮助他们理解概念。

4.人工智能可以改变教师的角色

教师在教育中始终会发挥作用，但由于智能计算系统新技术的出现，使得这一角色及其所带来的作用可能会发生变化。AI系统可以被编程用来提供专业知识，为学生查找信息提供平台，还可以接管评估等任务，并为学生提供专业知识和个性化帮助，甚至可以在某些方面取代教师完成非常基础的课程教学，因此教育工作者的角色将变得更加便利。

在大多数情况下，人工智能将把教师的角色转变为促进者的角色。人工智能为教育

和学习过程提供的增强和帮助，将使教师的工作更加高效，并专注于他们最擅长的事情。教师届时将作为人工智能课程的补充，提供需要人的思维模式与情感体验的课程，并让学生在课程中获得人际互动和亲身体验。

微视角

> 无论怎样，教师在教育中的重要作用都毋庸置疑，只是工作角色从过去以课堂教学为中心转变为学生学习的指导者与伙伴。

5.人工智能可改变学习方式

人工智能为实现个性化学习和培养创新思维注入了新的活力。人工智能可改变学生的学习方式，可根据学生特定的学习需求生成个性化、定制化的学习方案，并提供沉浸式的学习体验和高度智能化的学习过程跟踪服务。具体表现如图6-5所示。

1 使用人工智能系统，学生可以随时在世界任何地方学习，学生根据自己的需要安排学习时间。通过人工智能，学校可以创建全球化的教室，学生所处的位置将不再重要。学生如果由于某种原因无法参加课程，则通过访问链接，点击该链接，加入现场教室

2 人工智能可以将全世界的学习者联系在一起，超越教室的墙壁，与其他学生、教师、著名作家、科学家等互动，以加强他们的学习效果

3 人工智能可促进合作学习，通过比较学生学习者模型，而后建议处于相似认知水平或具有互补技能的参与者互相帮助，并通过分组来支持协作学习

4 人工智能还可作为成员参与学习小组，通过提供内容、提出问题以及提供替代性观点来帮助小组在正确的方向上进行讨论

图6-5　人工智能改变学习方式的表现

三、人工智能在教育机构管理中的应用

教育机构包括学校和教育培训机构，其管理工作主要可以分为教务工作、人事行政工作、学校管理工作。具体如图6-6所示。

教务工作	人事行政工作	学校管理工作
·教学发展规划 ·专业设置 ·教学管理 ·学生注册运行 ·选课、排课、分班 ·考试安排 ·教师培训 ·教学质量评价 ·学生升学 ·职业规划 ·教材设备等	·人才规划 ·招聘、引进、考核 ·人员流动 ·薪资、福利、职工考勤 ·离退休工作管理 ·学生考勤等	·招生、咨询 ·设备管理 ·资产管理 ·基建规划 ·保卫、安防工作 ·图书馆管理 ·校医院服务管理 ·饮食服务等

图6-6 人工智能在教育管理中的应用场景

1.应用现状

人工智能在教育机构管理的各项工作中使用的还比较少，并没有形成系统的闭环管理状态，主要是在教育培训机构中应用。目前，人工智能在教育机构管理工作中已经实现的产品形态有智能图书馆、考勤工作、招生和咨询管理、智能升学和职业规划、智能分班排课和智慧校园安防。

（1）智能图书馆。根据学生学习内容和兴趣等情况，智能推荐书目。

（2）考勤工作。学生人脸识别考勤、人脸识别监考等。

（3）招生和咨询管理。提供智能咨询功能，类似智能客服。并且能够根据招生结果分析营销渠道是否有效，将人群标签与市场投放的广告进行智能匹配。

（4）智能升学和职业规划。为升学、留学和求职提供智能规划及申请服务，包括备考、估分、报考等。

（5）智能分班排课。根据学生选课情况、学生成绩、教师教学质量进行智能分班和智能排课。

（6）智慧校园安防。校园视频监控识别、火灾监测、漏水监测、防盗监测、环境监测等。

资讯平台

2017年9月6日，百度-武汉大学AI图书馆建设合作研讨会暨签约仪式在武汉大学举行。

传统图书馆存在知识信息载体存储密度小、存储空间要求大的问题，同时，传统图书馆模式需要大量人员管理，服务质量易受人为因素的影响。武汉大学图书馆副馆长黄勇凯在发言中表示："图书馆一直致力于消灭信息孤岛，但是高校图书馆缺乏可延伸、独有稀缺的资源，很难支撑起强大的知识体系。"而人工智能图书馆不仅能提供传统的借阅、还书服务，还能基于大数据和语音识别与读者进行互动。彭敏教授认为，这些适当的互动有助于"提升学习黏性"。

通过AI图书馆的建设，百度教育大脑将武大本身的学术资源与百度教育和学术资源库进行巧妙整合，不仅能对读者的阅读偏好和专业进行分析，从而提供千人千面的推荐推送，还可以透过大数据挖掘学生的兴趣与天赋。

此次百度教育与武大合作建立AI图书馆，是图书馆信息服务业务与百度人工智能的深度融合与优势互补，也是互联网行业促成校企合作的又一典范。

2.产业分布

目前，国内招生管理、智能图书馆、考勤管理和校园安防的智能服务只有少量公司提供，智能管理服务主要集中在智能分班排课、智能升学和职业规划。分班排课一直是困扰学校的一大问题，新高考改革（语文、数学、外语统一考试，加三科自主选择普通高中学业水平等级考试）后，自主选课、分层走班、导师匹配的机制，使之前实施的行政班制度受到很大冲击，市场上涌现了一批智能分班排课公司。升学和职业规划包括高考升学、海外留学、职业规划等，高考学校选择、留学学校选择推荐以及就业规划指导一直是困扰着我国学生和家长的问题，行业发展空间巨大。

四、人工智能在教师工作中的应用

教师日常工作主要包括教研、教学、测评以及学生管理工作。教研是指教学研究，教师通过总结教学经验、教学中的问题，研究出适合学生的教学方法，包括教师课前教材分析、授课计划与考试计划等工作；教学是指针对学生的课上授课、答疑以及课后作业布置；测评包括学生作业和考试的批改与分析；学生管理工作包括课堂管理、班级日常管理、学生学情管理等工作。人工智能在教师工作中的应用场景如图6-7所示。

教研	教学	测评	学生管理工作
·教材分析	·授课	·作业批改	·陪练
·授课计划	·答疑	·考试评分	·学情管理
·习题计划	·课后作业布置	·作业考试分析	·课堂管理
·考试计划			·班级日常管理
·实验计划			
·学生学习心理研究			

图6-7　人工智能在教师工作中的应用场景

人工智能对图6-7中教师这四部分工作均已表现出一定的替代性，释放了教师大量时间和精力，实现教师对学生的个性化教学及辅导，同时缓解了学生个性化教学需求与教师时间相对有限之间的矛盾，实现了学生的自适应学习。

目前，人工智能在教师工作中的应用主要分为图6-8所示的五类。

图6-8　人工智能在教师工作中的主要应用

1.英语语音测评

英语口语学习与测评是我国英语教育事业中的重要组成部分。我国中高考改革方案日益重视对学生英语口语的评测，2017年北京和上海已分别将英语口语考试纳入中考和高考的总分之中，更多省份将在未来几年逐渐落实英语口语改革方案。中高考改革反向促进国内英语口语学习的市场需求，人工智能在该领域的应用也大量出现。

（1）系统原理。为了学习和测评英语口语的语音语调标准度、口语流利度以及口语表达能力，通过语音识别、自然语言处理等技术开发，市场上出现两类"英语语音测评"的产品，即智能口语考试系统和AI口语老师。其工作原理分别如图6-9和图6-10所示。

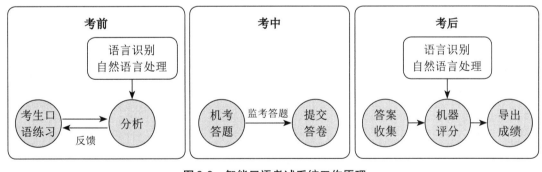

图6-9　智能口语考试系统工作原理

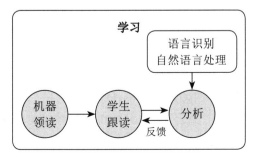
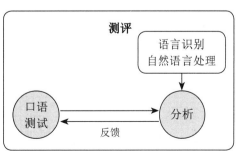

图6-10　AI口语老师系统工作原理

（2）产品优势。英语语音测评类型的产品主要替代了教师对学生的口语陪练、口语考试测评及评分统计等相关工作，通过机器辅助教学，极大提高了教师的工作效率，同时实现了口语自适应学习。其优势如图6-11所示。

覆盖多种口语类型

从发音到对话、朗读，涵盖多种口语学习和考试类型，包括音标发音、短文朗读、看图说话、口头作文等

有效减少教师工作量，提高工作效率

大大减少教师口语陪练、口语考试测评及评分统计相关的工作量，同时可以根据学生自适应学习的智能学情分析结果直接因材施教，有效地提高了工作效率

稳定高效、结果客观

人工测评往往会伴随着一些主观因素，智能评测有效地避免了这类问题，更具客观性、稳定性，高效地完成自动评分和成绩统计以及学情分析任务

高效快捷，打分精细

短时间可以做出反馈，快速给出评分，同时给出精细的分析

图6-11　英语语音测评产品的优势

（3）产业现状。受口语发音本身的不确定性和语音采集的设备、条件等因素的影响，英语语音测评结果会出现一定的偏差，但总体结果相对准确。目前，该类产品相对不足之处主要在于口语反馈的结果只针对了单词发音准确度、是否错读漏读等情况，互动性也有待提高。

2.智能批改+习题推荐

智能批改+习题推荐类的产品使用了图像识别、自然语言处理、数据挖掘等技术，完整流程是从教师线上布置作业，到人工智能自动批改、生成学情报告和错题集，而后对教师、家长和学生进行反馈，并根据学生的学情进行自适应推荐习题。

（1）系统原理。教师在产品系统中布置学生课后任务，这些任务会同时通知到学生和家长，学生在纸面上完成作业后拍照上传至系统，或直接在系统上完成作业并提交，系统会自动批改学生提交的作业，并生成分析报告。一方面，家长可以在系统上监督学生作业完成情况；另一方面，教师通过学生分析报告，可以针对不同学生学习情况定制个性化教学方案，同时系统也会整理学生错题，并为学生智能推荐习题。如图6-12所示。

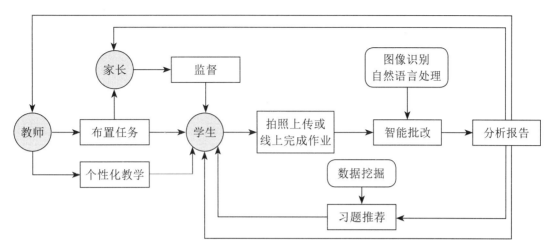

图6-12 智能批改＋习题推荐系统原理

（2）产品优势。智能批改＋习题推荐类的产品利用图像识别、自然语言处理等技术，替代了教师批改作业的任务。相对于人工批改，智能批改的优势如图6-13所示。

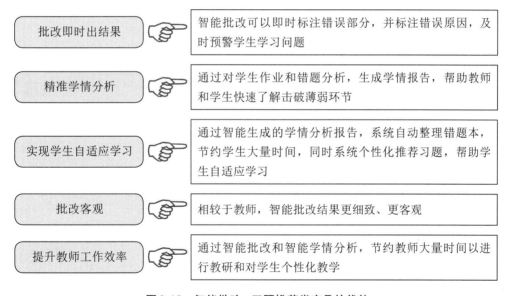

批改即时出结果	智能批改可以即时标注错误部分，并标注错误原因，及时预警学生学习问题
精准学情分析	通过对学生作业和错题分析，生成学情报告，帮助教师和学生快速了解击破薄弱环节
实现学生自适应学习	通过智能生成的学情分析报告，系统自动整理错题本，节约学生大量时间，同时系统个性化推荐习题，帮助学生自适应学习
批改客观	相较于教师，智能批改结果更细致、更客观
提升教师工作效率	通过智能批改和智能学情分析，节约教师大量时间以进行教研和对学生个性化教学

图6-13 智能批改＋习题推荐类产品的优势

（3）产业现状。目前，智能批改已被应用于数学、英语等学科之中，其中发展相对较成熟、应用较多的是智能英语作文批改和智能数学主观题批改，其他学科由于批改准确度等问题，目前尚在研发阶段。未来，随着人工智能技术的提高，智能批改在学科覆盖范围和精度上均有望提高。

在应用中，不是所有产品都包含智能批改、学情分析和习题推荐这一整套完整流程。学生作业批改类型的产品会包含完整的流程；考试批改类型的产品主要包括智能批改和

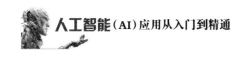

分析的功能；一些作业布置类的产品，包括习题推荐和学情分析的功能，批改部分是由教师线上完成，如作业盒子。

 资讯平台

2017年11月20日，新东方和科大讯飞共同发布了口语和写作智能批改产品RealSkill，该产品主要包括托福、雅思等出国留学考试的智能写作批改和口语评测。

新东方国外考试推广管理中心副主任宋鹏昊表示，在写作批改方面，该系统以10万篇托福、雅思、新东方学员的文章作为数据基础，并由业内专家团队按照托福和雅思考试对应的评分细则进行语料标注。

RealSkill的智能评分与考官评分一致率可以达到96.91%，而智能批改的准确率可以达到92.64%。同时，通过开发针对托福、雅思的手机拍照识别技术，目前手写文字的识别率已经达到95%。通过RealSkill，学员只需对自己的文章拍照，便可以完成文字的上传和识别，并获得即时反馈。

在口语测评方面，学生可以通过RealSkill APP中的题目预览、口语演练、智能测评三个功能进行模拟演练，提前熟悉考试流程，适应答题节奏。

此外，新东方还将这套系统应用于老师招聘，通过对比应聘老师和RealSkill批改的作文来判断应聘者的水平。

3.分级阅读

分级阅读是按照学生不同年龄段的智力和心理发育程度，为不同学生提供不同的读物，核心是为学生匹配到适合的书。

（1）系统原理。目前，分级阅读类的产品通过数据挖掘、语音识别、自然语言处理等技术，首先对学生的阅读水平进行测试，并将书库的书按照分级标准进行智能分级，根据学生的测试结果匹配相应级别的书目，实现智能推荐的功能。系统对学生的阅读情况进行测评，生成分析报告后，教师和家长可根据分析报告对学生阅读情况进行监督并进行针对性练习。其中，英文分级阅读测评方式包括学生听读、跟读、测试，中文分级阅读的测评是根据学生阅读时长和阅读试题的测评结果进行。如图6-14所示。

（2）产品优势。相较于传统分级阅读只是根据学生年龄推荐阅读书目，无法根据不同学生的阅读能力、兴趣爱好进行个性化精准阅读，分级阅读类的AIED产品替代了教师的收集书目、推荐书目、阅读监督等工作，大大提高了教师的工作效率，同时实现了学生自适应阅读，达到了分级阅读的核心目的——匹配适合学生个人的书目，解决了学生

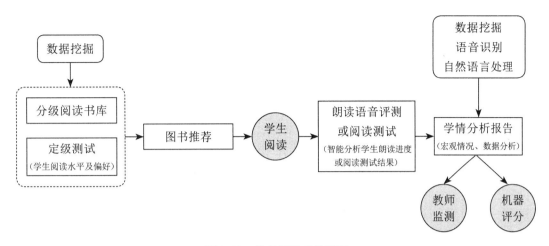

图6-14 分级阅读系统原理

阅读太难的书会失去阅读兴趣、阅读难度低的书无法提升阅读能力的问题。通过人工智能赋能的分级阅读优势明显，如图6-15所示。

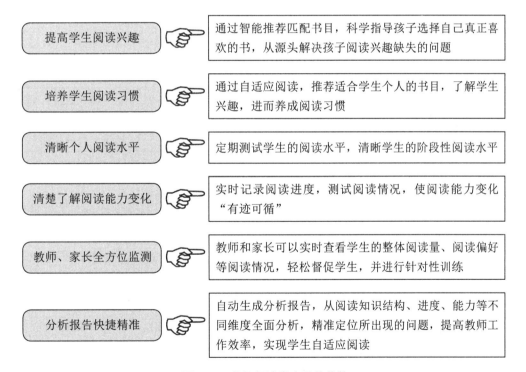

图6-15 分级阅读类产品的优势

（3）产业现状。分级阅读类的产品发展空间巨大，相对于美国成熟的分级阅读市场，国内目前分级阅读类的产品较少，且以英语分级阅读为主，如悦读家园、雪地阅读。中英文分级阅读产品模式整体相同，英文分级阅读的测评部分多了听读和跟读的功能，对学生口语朗读进行校正。

4.教育机器人

教育机器人主要是应用于儿童早教和STEAM教育（STEAM是Science、Technology、Engineering、Art、Mathematics的缩写，STEAM教育就是集科学、技术、工程、艺术、数学多学科融合的综合教育），通过语音识别、图像识别、自然语言处理等技术，实现对儿童陪伴和教育的功能，达到寓教于乐的效果。

（1）产品优势。教育机器人目前在幼儿园和家庭中使用较多，主要实现陪伴娱乐、辅助学习和生活助手等儿童教育及生活看护陪伴功能。具体如图6-16所示。

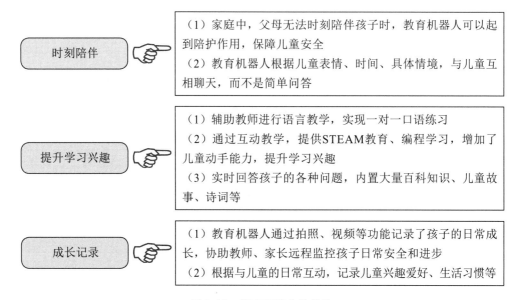

图6-16　教育机器人的优势

（2）产业现状。目前，专门研发教育机器人的公司较少，大多数是为各个行业提供机器人解决方案的公司，教育机器人只是其中一项业务。

比如，寒武纪智能科技开发的产品有小武机器人、助老机器人、人形机器人、自录机器人、商用机器人，其中小武机器人是针对0～6岁的早教教育机器人。

教育机器人智能程度还较低，功能上与手机、平板电脑等各类智能电子设备相比没有突出特点，如视频、拍照、播放儿歌等；编程游戏以及一些故事内容不够丰富，容易使孩子失去兴趣；在对话和语言教学上，不管是汉语还是英语，机器人发音过于机械，不利于儿童学习。总体来看，教育机器人未来发展和改进的空间巨大。

5.智能陪练

智能陪练主要是针对素质教育，如音乐、美术、书法、围棋等，通过人工智能陪练，分析学生的学习程度，进行智能纠错，生成学情报告。

（1）系统原理。目前，国内实现智能陪练的素质类教育领域，主要是音乐陪练，并尚处于早期阶段。音乐智能陪练产品通过知识图谱、数据挖掘等技术，对练习者的演奏练习进行智能纠错，对演奏者的日常练习进行个性化测评，并生成测评分析报告；此外，该类产品能够根据练习者的日常练习和测评报告，为练习者提供个性化练习方案，实现自适应音乐学习。如图6-17所示。

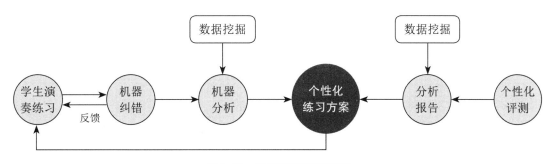

图6-17　智能陪练系统原理

（2）产品优势。智能陪练替代了教师实时陪练、纠错以及对学生的监督工作，在教学过程中充当助教角色，协助配合教师教学工作。具体优势如图6-18所示。

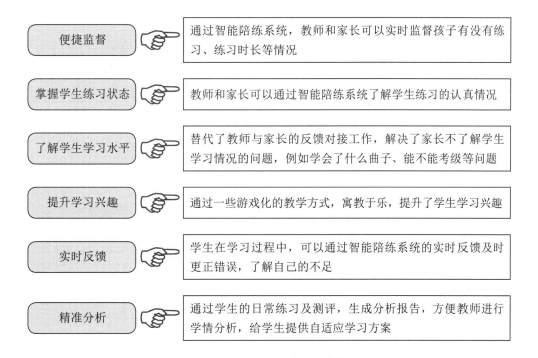

图6-18　智能陪练产品的优势

（3）产业现状。智能陪练产品需要通过智能硬件以及手机或平板电脑上的APP配合。比如，音乐笔记是一家钢琴智能陪练系统研发商，旗下"大眼睛钢琴陪练"为

4～12岁琴童提供智能化的陪练服务。采用硬件与APP结合的方式，孩子在练琴时佩戴智能腕带，系统通过肌肉电采集练习数据，从音准、节奏、双手配合、指法、乐句、放松程度、触键力度和演奏方法等8个维度进行评测。APP上会标出孩子练习中的薄弱点，并通过设计关卡，推荐下一步学习内容。音乐笔记同时配合线上一对一真人直播课程，利用智能硬件采集学生的手部动作与钢琴键盘图像，通过人工智能技术分析采集到的数据，分析整个学习过程。对钢琴演奏中的音高、节奏等问题的纠错准确度超过了99.5%，并且实现了毫秒级实时反馈。

6.其他应用

除了以上五个方面的应用外，还有智能学情分析、智能情绪识别等。智能学情分析是在积累了学生的学习成绩、学习进度、学习习惯等数据后，对其进行智能分析，并给出分析报告，协助教师对学生学习情况进行管理，设计个性化教学方案，如极课大数据的"极课EI"。目前专门做智能学情分析的公司较少，主要是渗透在以上五类产品中，对学生学习结果进行分析并反馈。智能情绪识别是指通过图像识别技术识别学生课堂表情，了解学生学习的困难点、兴趣和集中度，目前该类产品主要是教育培训机构与技术公司合作研发，如好未来、VIPKID等。

2017年5月，北京世纪好未来教育科技有限公司（以下简称好未来）投资情绪识别引擎公司FaceThink，通过情绪识别系统，能够对孩子上课的表情进行实时采集，从专注、疑惑、高兴、闭眼四个维度分析其听课状态，形成注意力曲线学习报告，反馈给老师和家长，从而让老师根据学生的情况优化课程和教学内容。

此外，2017年好未来还发布了IDO2.0个性化学习体系，通过个性化学习任务系统，人脸识别、语音识别、触感互动等科技手段在教育上的应用，为学生打造学习计划更明确、学习方式更多元的在线学习闭环，为在线教育提供智能化、个性化的解决方案。

五、人工智能在学生任务中的应用

对于学生而言，其主要任务是课堂听课、笔记整理与错题归纳、完成课后作业与课外习题练习等。人工智能在上述环节中主要应用于笔记整理与错题归纳、作业及课后自主练习等。如图6-19所示。

图6-19　人工智能在学生任务中的应用场景

1.笔记整理与错题归纳

笔记整理与错题归纳的产品既包含前面提到的智能批改与习题推荐类型的产品，也包含智能书写本产品。后者需要硬件支持，通过智能产品录入手写笔记、公式等，智能书写本能够实现自动批改、分析功能。智能书写本类产品不仅可以用于学生日常学习，也可以应用于教师备课、教学等工作之中。此类产品目前还处于初期阶段，相关应用较少，代表性产品包括科大讯飞智能书写本、汉王教育电子书包、Anote智学本等。

2.作业与课后自主练习

人工智能在学生完成课后作业与课外习题练习中的应用，主要包括题目搜索与推荐，如拍照搜题和题库类产品。

（1）拍照搜题。拍照搜题产品是指学生对题目进行拍照后，上传至拍照搜题产品中，系统通过图像识别技术进行识别与自动搜索，而后将答案反馈给学生，比如小猿搜题。

（2）题库类产品。题库类产品为学生提供大量习题，并通过学生在系统上做的题目和正确率进行智能分析，智能推荐习题，如学吧课堂。

目前，拍照搜题产品发展相对成熟，市场上产品同质性大，产品使用对象都是针对小学、初中和高中的学生，产品内容大同小异，竞争激烈。该类产品的功能不仅包括拍照搜题，还包括智能分析学生的学习情况、智能推荐习题，并提供付费教师答疑服务以及一对一或小班教学服务。此外，一些产品也会包括智能推荐视频课程等功能，如学吧课堂。

【案例一】 ▶▶▶

人工智能助力学校教育智能化

随着教育改革和人工智能的普及，校园智能化建设也已从数字校园向智能校园迈进。校园管理者一直在寻求提高工作效率，方便师生、家长协同教育的方法，而传统的校园系统建设已经不能适应现阶段学校教学，需要耗费大量人力、物力和时间成

本，以人工智能终端为支撑的智能校园系统便应运而生。

2019年7月，上海建青实验学校作为上海最早的幼、小、中"十六年一贯制"实验学校，在智能化教育方面先行一步，学校上线了深兰科技公司的手脉识别人工智能系统，实现了学生学习统计管理、无人图书借阅、无人体育器材领取等教育智能化管理。

1.给学生更多便利

学生在学校内的图书借阅、体育器材领取等，以前都需要随时携带学生卡，十分不便。对于年龄较小的学生而言，卡片保管也是一大难题。

深兰科技的手脉识别人工智能系统在建青实验学校普及后，孩子们出入图书馆、实验室等场地，均不再需要携带卡片，只需刷手即可进出。

另外，深兰科技还在建青实验学校落地了只需刷手脉即可带走商品的Takego无人便利店，随时随地为孩子们提供牛奶、矿泉水等健康饮食。下图所示为学生刷手归还篮球。

学生刷手归还篮球

2.让学校更了解学生

手脉识别系统的上线，不仅仅让学校提升了管理效率，更重要的是，手脉识别背后的大数据管理为学校提供了更多了解学生的渠道。

深兰科技项目负责人介绍，他们为建青学校开发了相应的大数据管理系统，原本分散的信息孤岛被打通，学校可以针对每个学生进行个性化培养。

以学生兴趣班为例，过去，学校很难掌握学生们的兴趣爱好分布，开哪些兴趣班、分别开几个都只能凭经验来设置。而有了深兰的智能管理系统后，学校可以实时掌握哪一个兴趣班最先满员，进而推断出学生的兴趣取向，对兴趣班的设置进行调整。

3.家校协作更畅通

家校协同培养是教育领域的重要话题，人工智能则能够为家长和学校带来更加流畅的信息渠道。通过智慧校园的建设，学生在校情况如兴趣爱好、图书借阅情况、体育运动情况等，都可以通过手机APP实时向家长反映。

随着深兰与建青实验学校合作项目的推进，学生在校情况的数据将更加全面丰富，能够让家长更了解自己的孩子，更全面掌握孩子的成长轨迹。

【案例二】▸▸▸

考拉阅读用 AI 打造中国的 "蓝思标准"

分级阅读已有几百年的历史，在欧美国家都比较普及。在中国引入分级阅读的时间也不短，但是中国跟美国最大的不同在于，无论是像中文在线还是其他公司，基本上只是停留在书单形式，根据学生年级或年龄来区分书单。

但是，真正的分级阅读应该像欧美国家那样，根据学生的阅读能力进行匹配，通过分级阅读把阅读解放出来，让孩子找到适合自己的东西。而要这样做的话，最大的难点就在于中文文本难度的测量，即如何科学划分文本难度的等级。

首先，中文和英文存在着非常大的差异，不同于西方印欧语系繁复的格标记语法系统，汉语语法过于灵活、意合语义相当复杂。英文的基础组成单位是26个字母，中文的组成单位是字，常用的汉字大概就有3500个。

其次，现代汉语的历史很短，中国的学者、专家对中国的汉语言、语言学的一些累积和沉淀其实很少，真正进行科学化的一些研究时间并不长，积淀也不够。

再次，分级阅读还涉及数据挖掘、语言学、测量心理学、阅读测量学等各学科的联动。

最后，更关键的是，在深度学习普遍应用之前，没有技术能解决这样的问题。10年前或者20年前的技术，其实不太能解决当时遇到的这个问题，例如美国的蓝思分级，主要运用的是语言学家传统的统计学，所以其实没有用太多的高深的技术。中文阅读分级要想完成规模化的解决方案只能依赖于现代科学技术的发展。

考拉阅读历时两年，构建起全球最大的中文分级底层语料库，结合语言学、测量心理学以及深度神经网络为代表的前沿AI算法解决了这一难题。考拉阅读邀请常年参加教学研究的专业学者和经验丰富的教学专家参与难度判断和标准制定，通过上万篇文本测试，发现准确度能达到93%左右。

AI驱动的学习系统

考拉阅读的产品有学生端、教师端APP，还有考拉家长微信小程序。其系统有以

下两个特点。

一是游戏化。考拉阅读最开始借鉴了国外的产品，做得比较严肃，缺乏游戏和动漫色彩。但做了一段时间后发现，严肃产品对中国学生缺乏吸引力，小学生还是喜欢比较游戏化的东西，后来对此做了调整，引进了一位优酷少儿的设计师，使整个UI和孩子的契合度越来越高。下图所示为考拉阅读界面截图。

考拉阅读界面截图

二是AI驱动。考拉阅读将底层的AI算法应用到产品层面。这套算法类似于今日头条，只不过今日头条是内容推动算法，无论是交叉推荐还是做用户画像，都是根据兴趣推荐用户喜欢的内容。而考拉阅读的推荐算法是根据学生阅读能力进行匹配，使用的频率越多，推荐的准确度就越高。

因为中文句子相较英文要复杂得多，机器在理解中文第一步时就会遇到词性分析、语言模型上的困难，所以，有赖于现在流行的AI技术，如RNN、LSTM等深度学习技术，可以弥补中文在NLP上的缺失。考拉阅读将一个句子按照句法树、依赖关联等予以拆解，以分析每一个成分在句子中的比重，从而实现阅读文本的难度分级。

据了解，考拉阅读一共处理了1300万字的非平衡语料库和2亿字的平衡语料库。其中，非平衡语料库主要来自各个版本的小学教材及其教辅资料；平衡语料库指一个孩子在日常生活中需要真实接触的语料，如，按照一位10岁小孩需要看20%的名著小说、50%的课文和20%的漫画这种比例来配语料库。

考拉阅读的人工智能主要应用，除了打造底层分级标准外，还有自适应学习系统，即学生端APP会根据学生阅读能力自动推荐相应内容。

此外，考拉阅读也正在进行智能语音产品研发，可以通过语音输入测试学生的普通话标准程度。

打造中国的"蓝思标准"

国外的分级阅读标准体系已经很成熟，比如培生公司推出的测定少儿英文阅读能力的DRA（Developmental Reading Assessment）发展性阅读评估体系；英国Renaissance Learning 公司开发的AR（Accelerated Reader）分级系统；还有著名的蓝思阅读测评体系（The Lexile Framework for Reading），该体系由美国Metametircs教育公司经过15年研究开发出来，美国使用蓝思的机构遍布50个州，约覆盖全国学生人数的50%。

蓝思阅读测评体系从读物难度和读者阅读能力两方面进行衡量，使用的是同一个度量标尺，因此读者可以根据自己的阅读能力，选择适合自己的读物。难度范围为0～1700L，数字越小表示读物难度越低或读者阅读能力越低，反之则表示读物难度越高或读者阅读能力越高。主要从两个维度来衡量读物难度，即语义难度（Semantic Difficulty）和句法难度（Syntactic Complexity）。

考拉阅读推出的中文分级阅读标准（ER Framework ）借鉴了国外的"词、句"的分析思想，度量方式也和蓝思极为相似。（ER为考拉阅读品牌所属公司享阅科技的英文名Enjoy Reading的缩写。）

一方面，把任意的中文文本测出来，从200～1300ER，以10为一个进制。另一方面，运用测量心理学、阅读测量学和语言学的方法，测人的阅读能力，也是从200～1300ER，以10为一个进制。

如果一个孩子测出来是600ER的阅读能力，他到底能够看多大难度的文本？是600还是610？考拉阅读提出一个叫CPD的概念，借鉴了著名心理学家维果斯基提出的"最近发展区"，即能力范围内可以做得到的区间。比如，600ER的孩子，我们做了大量的实验，她/他的CPD范围大概是550～700。这个区间代表了孩子探究文本的理解程度在50%～59%之间，既不会因为文本太难而读不懂，也不会因为文本太简单而读不到新内容。

具体测试方式是在手机上进行时长约三分钟的测试，即可估测学生的阅读等级。

【案例三】▶▶▶

好未来发布 AI 系列产品

在2019年7月18日举行的2019好未来TI教育智能大会上，好未来发布了

WISROOM2.0、教研云、T-BOX等教育科技产品，并正式发布AI开放平台。

除了学而思培优、学而思网校等中小学课外辅导业务，好未来近年来通过投资、并购，在素质教育、教育科技、社区生态等领域密集布局。2018年，好未来正式发布了自己的开放平台计划，面向线下中小型课外培训机构和公立学校开放教育资源和技术，在业务布局中增加了To B业务。

目前学而思培优主要布局大中城市，好未来开放平台的目标客户下沉意味明显，目前主要是二三四线城市和县城的中小培训机构及公立学校。

此次发布的新产品是好未来开放平台的一次升级，其最大特点是优化了语音识别、表情识别、手势识别等AI技术。

1.WISROOM 2.0

WISROOM是一套智慧教室系统，通过摄像头、麦克风等传感设备，识别学生表情、动作和语音，从而增强课堂互动和个性化教学。其最大特点是"通过教研云让数据在云端，通过T-BOX完成数据收集＋互动"。

2.教研云

好未来在教研云存储了海量题库、教材等教学资源，包括各地中高考真题、期中期末试题以及好未来研发和引进的教材，以文字、图片、视频、小程序等形式呈现。老师只要在"搜索框"中输入课程名称，即可选择不同的媒介素材生成课件，节省备课、查找资料的时间。

3.T-BOX

T-BOX是一款为智能教学打造的AI终端，摄像头、答题器采集的学生数据将在T-BOX进行计算。由于WISROOM中的摄像头以每秒三四十帧的频率记录学生的学习过程，这要求T-BOX每秒实现几千亿次的运算。据介绍，T-BOX的运算能力相当于300台Iphone XS，可以实现同时800人以上的动作识别以及200人以上同时的表情和专注度识别。

拥有更强的算力后，以往被认为不可能的教学场景有可能落地。比如，当WISROOM观测到某个学生两天没有参与互动了，它会给出指令，给这个学生设置一个简单问题，提升学习信心，同时将情况反馈给老师，让老师关注这名学生。

为什么语音识别、图像识别等人工智能技术已日渐成熟并商业化之后，好未来还要自研AI技术？这是因为，通用AI技术在教育场景中面临巨大的挑战，这体现在教育形式的多样性、高频率的互动、对反馈高效实时的要求等。比如仅仅是教学场景，就包括线下面授、在线双师、在线一对一、微课自学等。因此，需要针对各个细分的教学场景，利用教育真实场景的数据来深度优化AI模型，才能真正达到一个最优的可用效果。好未来最初使用的是通用AI模型，识别精度只能实现60%以上，但应用了真实教育数据迭代模型之后，准确率达到了96.3%。

那么，好未来为何如此青睐AI技术？好未来自有业务体系早已应用AI技术。传统的线下学而思培优业务规模的扩张受制于师资规模的增长，目前，学而思培优已大量采用双师教学，从而实现一名好老师同时教几个班级。AI技术能够进一步提升人效，利用语音识别和文本理解技术批改学生的练习题，使人效提升了20%以上，为老师节省了约5万小时的时间。

除已有业务之外，好未来基于AI开放平台也在开发新的业务。乐外教就是一个面向三四五线城市和县城中小型英语培训机构的集成式产品。这款产品的特点在于，通过在线技术，将哈佛大学毕业的外教覆盖到教育资源匮乏的城市，通过AI技术，在一个20人左右的班级里，让每个学生每节课开口的次数超过180次。

第七章

人工智能+医疗

导言

　　"人工智能+医疗"是在医疗信息化背景下，以互联网、大数据、人工智能等信息技术为基础，从研发、诊断、治疗到服务等渗透到医疗行业的所有环节，并以数据化、场景化、智能化的趋势向前发展。

一、人工智能带给医疗领域的变革

　　人工智能正在经历爆炸式增长，影响着许多行业，也正为医疗健康行业带来一场全新革命。当前，人工智能在医疗领域的应用机遇与挑战并存。

1.技术成熟，推动医疗行业迅速发展

　　目前人工智能深度学习能够帮助计算机理解大量图像、声音和文本形式的数据，识别率已经能够达到商业化应用的水平。同时，医疗是一个非常传统的行业，新技术的介入能推动其迅速发展。

　　人工智能有助于缓解当前我国医疗资源相对不足的困难，协助提升基层医疗水平。人工智能技术在医疗领域应用的重要意义体现在图7-1所示的几个方面。

图7-1　人工智能技术在医疗领域应用的重要意义

（1）人工智能技术可以帮助医生缓解疲劳、降低劳动强度。人工智能可以代替医生做重复性高、技术含量低的工作，这样医生就可以把节省出来的时间用来与更多的患者沟通。更重要的是可以防止漏诊，比如说有一些小病灶医生可能看不到，人工智能技术则可以提醒医生。

（2）人工智能技术还将更好地推进分级诊疗，将优质医疗资源下沉到基层。目前，我国三甲医院聚集着最好的专家和一流的设备，而基层医院医疗资源相对不足，医生的经验也相对不足。未来借助人工智能技术，相当于基层医院的医生也掌握了顶级医院上百个主任医师的经验，将在协助提高基层医院医疗水平方面发挥重要作用。

2. 应用丰富，"人工智能＋医疗"多点开花

人工智能系统在几秒钟内扫描胸部器官、自动定位定性病灶、自动生成诊断报告，这样的情形早已不是科幻片中的场景了。

人工智能阅片系统主要是帮助医生提高阅片的精度和效率、减少误诊漏诊。一个非常熟练的看片医生看一张片子大概需要5～8分钟，有了人工智能技术后，可以在几秒之内标注出病灶并生成结构化报告，作为辅助诊断结果提供给医生进行审查。

据了解，目前国内不少医院都已经引入了人工智能阅片系统，用于肺癌、乳腺癌、儿童生长发育异常等疾病的辅助诊断，如复旦大学附属肿瘤医院、浙江大学医学院附属儿童医院、华中科技大学同济医学院附属协和医院等。

2017年12月，工信部印发的《促进新一代人工智能产业发展三年行动计划（2018～2020年）》明确提出"加快医疗影像辅助诊断系统的产品化及临床辅助应用"。当前，医疗影像辅助诊断已成为人工智能医疗领域最火热的应用之一。

比如，肺结节可能是肺癌的"信号灯"，因此肺结节的筛查非常重要，能够帮助实现肺癌早期筛查。筛查肺结节过去全靠医生的一双"火眼金睛"，平均每天要看上百个病人、上万张影像图片，工作量非常大。但是经过人工智能初筛后，医生在此基础上再筛查一遍，二次筛查确认后基本就不会有问题了。

此外，在疾病风险预测、临床辅助诊疗、智能健康管理、医院智能管理等应用层面，人工智能技术也正在加速融入。

3. 多方合作，提升医疗服务水平

在医疗健康行业，人工智能的应用场景越来越丰富，人工智能技术也逐渐成为影响医疗行业发展、提升医疗服务水平的重要因素。蓬勃发展的背后，人工智能在医疗领域的应用和推广也面临着诸多问题和挑战。具体如图7-2所示。

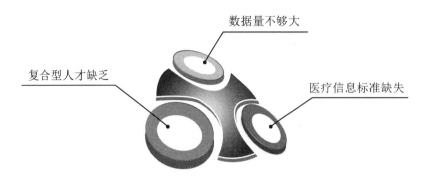

图7-2　人工智能在医疗领域面临的问题和挑战

（1）数据量不够大。人工智能应用要落地，就需要优质的数据土壤。虽然中国的医疗数据整体量很大，但是具体到某一类医疗问题时还存在数据量不够大的问题，同时数据的质量也不够高。就拿医疗影像举例，必须要有临床经验丰富的医生对数据进行标注后才能拿给机器学习，这种高质量的、标注过的数据资源相对有限。

（2）医疗信息标准缺失。比如对于医疗图像的病灶标注，即使是同一个科室的医生也可能有不同的标注方式。又比如病历，患者的电子病历数据很难保证完全准确同步，不同的医生对于各个病种的名称叫法都会存在地域差异。人工智能是强数理、强逻辑的工具，对于内容的精准度和标准化要求很高。

（3）复合型人才缺乏。医疗本身是一个非常专业的领域，人工智能技术在医疗应用上的突破离不开医学界的深度参与。人工智能医疗领域最缺乏的其实是复合型人才，既要懂医学又要懂人工智能技术。医学人才的参与能够让人工智能团队少走弯路，许多医学问题也可能在人工智能辅助下有所突破。

所有的问题最终都指向合作。要在国家层面有意识地整合资源，梳理出临床医学人工智能的发展规律和路径，鼓励医学界、科研单位、企业等多方深度合作，进一步推动医疗人工智能发展。

二、人工智能在医疗领域的价值

智能问诊、"刷脸"就医、医疗影像辅助诊断、疾病风险预测……当前，人工智能已日渐渗透到了问诊、分诊、支付、影像诊断等医疗服务的多个环节中。人工智能在医疗领域的应用可以发挥重大价值，具体如图7-3所示。

1.辅助医生诊断，缓解漏诊误诊问题

医疗数据中有超过90%的数据来自医学影像，但是对医学影像的诊断依赖于人工主观分析。人工分析只能凭借经验去判断，容易发生误判。据中国医学会数据资料显示，中国临床医疗每年的误诊人数约为5700万人，总误诊率为27.8%，器官异位误诊率为60%。

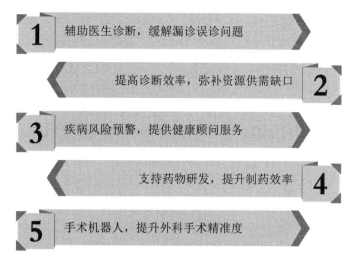

1　辅助医生诊断，缓解漏诊误诊问题

提高诊断效率，弥补资源供需缺口　2

3　疾病风险预警，提供健康顾问服务

支持药物研发，提升制药效率　4

5　手术机器人，提升外科手术精准度

图7-3　人工智能在医疗领域的价值

以心肌绞痛病症为例，其早期临床表现轻微，除胸口痛外，常会伴随出现肩部到手部内侧疼痛、精神焦虑、血压异常等寻常体征现象，对于门诊医生而言很容易发生误诊。

对于病理医生而言，要从众多细胞中依靠经验找到微小的癌变细胞难度较大，诊断错误现象时有发生。人工智能技术的出现已经在一定程度上缓解了以上问题。利用图像识别技术，通过大量学习医学影像，人工智能辅助诊断产品可以辅助医生进行病灶区域定位，有效缓解漏诊误诊问题。

2.提高诊断效率，弥补资源供需缺口

据统计，我国每千人平均医生拥有量仅为2.1人，医生资源缺口问题较为严重，在影像科、病理科方面尤为严重。

目前，我国医学影像数据的年增长率约为30%，而放射科医师数量的年增长率仅为4.1%。放射科医师数量的增长远不及影像数据增长，这个现象意味着放射科医师在未来处理影像数据的压力会越来越大，甚至远远超过负荷。供需不对称的问题在病理方面表现尤甚。

据统计，我国病理医生缺口达到10万，而培养病理医生的周期却很长，这意味着此问题短期内将无法解决。面对严重的稀缺资源缺口问题，人工智能技术或将带来解决这个难题的答案。人工智能辅助诊断技术应用在某些特定病种领域，甚至可以代替医生完成疾病筛查任务，这将大幅提高医疗机构、医生的工作效率，减少不合理的医疗支出。

3.疾病风险预警，提供健康顾问服务

多数疾病都是可以预防的，但是由于疾病通常在发病前期表征并不明显，到病况加重之际才会被发现，虽然医生可以借助工具进行疾病辅助预测，但人体的复杂性、疾病

的多样性会影响预测的准确程度。人工智能技术与医疗健康可穿戴设备的结合可以实现疾病的风险预测和实际干预。风险预测包括对个人健康状况的预警以及对流行病等公共卫生事件的监控；干预则主要指针对不同患者的个性化的健康管理和健康咨询服务。如图7-4所示。

图7-4　人工智能与智能设备结合对疾病的预测与干预

4.支持药物研发，提升制药效率

利用传统手段的药物研发需要进行大量的模拟测试，周期长、成本高。目前业界已尝试利用人工智能开发虚拟筛选技术，发现靶点、筛选药物，以取代或增强传统的高通量筛选（HTS）过程，提高潜在药物的筛选速度和成功率。通过深度学习和自然语言处理技术可以理解和分析医学文献、论文、专利、基因组数据中的信息，从中找出相应的候选药物，并筛选出针对特定疾病有效的化合物，从而大幅缩减研发时间与成本。

5.手术机器人，提升外科手术精准度

智能手术机器人是一种计算机辅助的新型的人机外科手术平台，主要利用空间导航控制技术，将医学影像处理辅助诊断系统、机器人以及外科医师进行了有效的结合。手术机器人不同于传统的手术概念，外科医生可以远离手术台操纵机器进行手术，是世界微创外科领域一项革命性的突破。

比如，达芬奇机器人集成了三维高清视野、可转腕手术器械和直觉式动作控制三大特性，使医生将微创技术更广泛地应用于复杂的外科手术。

相比于传统手术需要输血、会带来传染疾病等危险，机器人做手术则出血很少。此外，手术机器人可以保证精准定位误差不到1毫米，对于一些对精确切口要求非常高的手术实用性很高。

相关链接‹···

风口上的人工智能+医疗

随着科学技术发展，各个学科之间的交叉融合越来越多。生命科学进入了跨界融

入，人工智能、大数据、3D打印和新兴科技的跨界融入和快速迭代，为前沿技术注入了新的动力。通过计算机视觉、语音识别、机器学习人工智能的技术和手段，可极大地提高医疗服务的质量。

"人工智能＋医疗"通常是指将人工智能、大数据、物联网、云计算等新型技术和手段，运用在医疗服务主体、医疗机构和医疗服务对象上。"人工智能＋医疗"越来越受到关注。

产业前景广阔

纵观全球医疗行业，平均每万人拥有医生14人，美国每万人拥有医生大概在27人左右。根据预计，中国到2025年65岁以上人口约占总人口的29%，约4亿人。

不难看出，目前国内面临优质医疗资源的供需不平衡、医生培养周期长、误诊率高、疾病谱变化快、技术日新月异、人口老龄化加剧、慢性疾病增长等问题待解决。而随着人们对健康重视程度的提高，大量需求催生了医疗AI的快速发展。

可以看到，医疗行业急需人工智能的赋能，医疗已经经过了卫生的信息化、医疗的大数据过程，发展到现在的医疗人工智能。而且医疗的痛点很明显，需求和资源不匹配，中西部医疗的差距也是非常大的，老龄化很严重，管理的效率也有待于提高，管理和创新的周期也非常长。

2016年被认为是"人工智能＋医疗"在国内形成投资风口的元年，共有27家企业在2016年融资，其中16家企业融资金额在千万级人民币以上。2017年全年有超过28家AI医疗类创业公司获得融资，总额超过17亿人民币。

国际巨头同样关注这个领域，以医疗机器人为例，2019年2月，强生以34亿美元收购外科手术机器人公司Auris Health，主要领域为支气管镜检查；2018年9月，美敦力16亿美元收购了骨科机器人公司Mazor Robotics；更早前的美国整形设备制造商史赛克（Stryker）收购Mako及其机器人辅助技术并使其股价暴涨82%等。

据波士顿咨询的数据，2020年全球医疗机器人产业规模有望达到114亿美元。其中，手术机器人规模最大，占60%市场份额；微创放射性手术系统约占20%；急救机器人、外骨骼机器人等为次。

实践领域增加

无论是国内还是国外，AI医疗的应用和实践领域都开始越来越多，而这也是科技发展的必然结果。

我们看到AI医疗的核心技术和医疗的场景可以深度地融合、相互地促进，我们用医疗的场景拉动AI核心技术的发展，用AI核心技术的发展来促进整个医疗应用的推进，在智能影像分析、智能问诊等一系列方面都会有很多的应用。比如我们的病历，可以通过跨场景、跨科室进行协同挖掘，来支撑病历的智能分析系统。

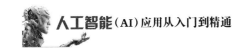

目前上海有36.7万的肿瘤患者，单病种的MDT（多学科诊疗）每年只做到200例，这是一个巨大的缺口。有数据显示，经过MDT的，五年存活率提高10%，这是一个非常惊人的数据。MDT是非常好，但我们现在解决不了，有了AI医疗技术以后有望通过多学科综合诊断系统来解决这个问题。

此外，在医院管理上，AI同样可以有很多作用。在ICU护理中，ICU医护人员非常辛苦，60%～70%的精力做护理，还有30%～40%的精力做记录。如果用AI自动做记录，就可以把医护人员更多的精力省下来用于照顾病人。

在健康管理领域，可以通过检测对人体进行数字化管理，从而有可能实现未来不需要通过吃药来进行内分泌疾病的管理，而是可能通过饮食等方式来调养。

通过AI的智能数据应用，可以更好地对医疗服务进行标准化，从而平衡全国医疗服务资源。通过AI算法，可以给医生更加准确的判断。

三、人工智能+医疗生态图谱

医疗人工智能的整体生态可以采用"层级"来描述，核心是AI芯片、设备提供商、服务器，中层是技术提供商、解决方案提供商、系统集成商，外层是各目标市场（包括医院、消费者、高校、药企、第三方独立医疗机构、保险公司、社区、诊所），如图7-5所示。

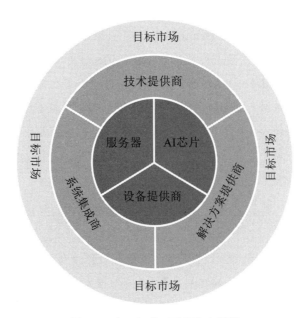

图7-5 人工智能+医疗生态图谱

四、人工智能＋医疗的发展阶段

医疗人工智能早期经历了以数据整合为特征的第一阶段、以数据共享＋较基础算力为特征的第二阶段。之后，数据质量和数量的爆发以及算力的提升收敛于第三阶段，即目前医疗人工智能所处的以健康医疗大数据＋应用水平的人工智能为特征的阶段。如图7-6所示。

第一阶段：
该阶段数据数量少、质量差，这一阶段的重要任务是进行数据整合。

第二阶段：
数据量增加，共享机制建立，数据搜集成本下降。算力处在较基础阶段。

第三阶段：
数据维度从院内数据、诊疗数据向院外数据、"运动"及"饮食"等范畴扩展；算法先进性提升和算力的强大升级助推了医疗人工智能的发展。诸如深度神经网络等更高级技术形态出现。

动力：数据　　　　　　　　动力：算法先进性提升、算力升级

图7-6　人工智能＋医疗的发展阶段

　资讯平台

"医疗AI企业"是涉足医疗人工智能业务的企业统称。这些企业可以分为"AI＋医疗""医疗＋AI"两种类型。"AI＋医疗"指AI企业在医疗领域的业务拓展。"医疗＋AI"指医疗垂直细分场景创业公司以人工智能技术作为优势切入市场以及传统医疗企业在业务发展过程中应用AI技术。

据亿欧智库不完全统计，截至2019年7月，在中国市场活跃的医疗人工智能企业共126家，与2017年的统计数据（131家）基本持平。其中，开展医学影像业务的企业数量最多，共57家；开展疾病风险预测业务的企业数量为41家；医疗辅助、医学影像、药物研发企业较2017年统计数据有增加，多个企业拓展了辅助医学研究业务，因此医学研究领域企业数量有所增加；健康管理、疾病风险预测企业较2017年统计数据有减少。

五、人工智能在医疗领域的应用场景

从目前我国人工智能医疗领域创业公司和产品的分布来看，"人工智能+医疗"主要集中在八大应用场景。如图7-7所示。因计算机视觉与基因测序技术的发展，疾病风险预测和医学影像场景下的公司数量最多，相关产品相对成熟，产品主要以尚未成熟的软件形态存在，算法模型尚处于训练优化阶段，未完成大规模应用，主要面向B端的医院、体检中心、药店、制药企业、研究机构、保险公司、互联网医疗等，业务模式主要以科研合作方式展开，引入技术、训练模型、获取数据与服务。

图7-7　人工智能+医疗应用场景

1.疾病风险预测

疾病风险预测主要是指通过基因测序与检测提前预测疾病发生的风险。疾病风险预测与精准医学的发展密不可分，人类基因组计划促进基因测序进步，推动基因测序技术的商业化进程。基因测序技术已进化至第三代，第三代测序方法所需检测时间大大缩短、成本大大降低，基因测序方法的逐渐成熟推动了基因测序技术的商业化进程。国内致力于疾病风险预测的公司主要有以下两类。

（1）掌握基因测序核心技术，研发基因测序仪器的上游企业。业务模式主要是通过中游合作伙伴做基于测序仪上的应用开发。

（2）利用基因测序仪，面向B端和C端提供测序服务的中游企业。业务模式则主要是开发测序相关应用，面向B端医院或者C端公众和患者。

2.医学影像

医学影像是目前人工智能在医疗领域最热门的应用场景之一，是指将人工智能技术具体应用在医学影像的诊断上。

（1）应用意义。患者、医师和医院都会受益于人工智能在医学影像领域的应用，具体如图7-8所示。

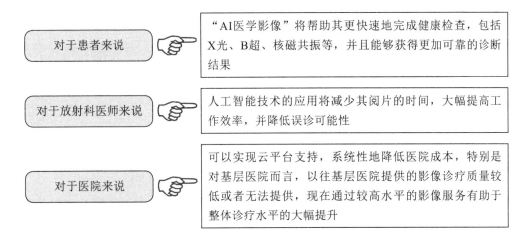

图7-8　人工智能应用于医学影像的意义

（2）解决需求。人工智能利用深度学习模型对图像特征的提取能力，完成影像分类、自动检测、图形分割、图像重建等任务。在应用中，人工智能常见的应用环节是辅助诊断（影像辅助诊断、病理诊断）、影像辅助手术、智能放疗。人工智能参与医学影像诊断的方式如图7-9所示。

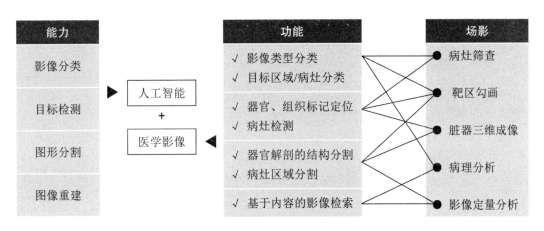

图7-9　人工智能参与医学影像诊断的方式

人工智能和医学影像的结合，能够为医生阅片和勾画提供辅助与参考，大大节约医生时间，提高诊断、放疗及手术的精度。"医学影像"应用场景下，主要运用人工智能技术解决图7-10所示的三种需求。

（3）落地现状。医学影像AI企业目前以公立医院为主要目标市场，落地逻辑有以下两种。

①纵向打通各级医院，从三甲到基层医疗卫生机构按比例分布。

②横向延伸服务对象，除三甲医院外，在第三方体检中心、第三方影像中心均有落地。

病灶识别与标注的需求

即需要AI医学影像产品针对医学影像进行图像分割、特征提取、定量分析、对比分析等工作

靶区自动勾画与自适应放疗的需求

即需要AI医学影像产品针对肿瘤放疗环节的影像进行处理

影像三维重建

即针对手术环节需要AI医学影像产品在人工智能进行识别的基础上进行三维重建

图7-10　人工智能在医学影像领域的作用

未来，社区、民营医院也将成为医学影像AI企业的目标市场，面向消费者（家庭场景）的医学影像辅助诊断产品也值得期待。

比如，体素科技在2018年推出结合了计算机视觉技术与深度学习技术的儿童视力异常检测工具及皮肤病辅助转诊APP，用户通过拍摄上传儿童异常眼行为的视频和皮肤异常情况照片，即可得到系统给出的诊断建议。

资讯平台

据Signify Research统计，到2023年，全球医学影像人工智能市场规模（包括自动检测、量化、决策支持和诊断软件）将达到20亿美元。中国、美国、印度、以色列均有该领域企业分布。

初创企业除了自研医学影像系统之外，还可以与传统大型设备提供商或软件供应商合作。如医学影像初创公司Arterys公司，其主要合作伙伴是GE医疗。2015年，Arterys公司与GE医疗达成了战略伙伴关系，将在GE医疗最新的核磁共振扫描仪器上安装Arterys诊断系统。

3.辅助诊疗

除了利用医学影像辅助医生进行诊断与治疗以外，"人工智能＋辅助诊疗"包括图7-11所示的两类。

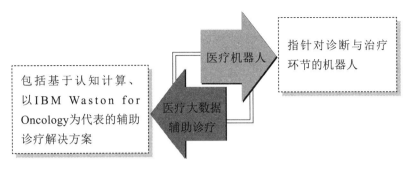

图7-11 人工智能＋辅助诊疗的分类

（1）医疗大数据辅助诊疗是基于海量医疗数据与人工智能算法发现病症规律，为医生诊断和治疗提供参考。

认知计算是借助深度学习算法读懂大数据的世界，打造人类认知非结构化数据的助手，通过理解、推理、学习训练让系统或人类直接交互接受训练或进行非结构化数据的自我训练。认知计算有产品类、流程类和分析类三大商业应用。如图7-12所示。

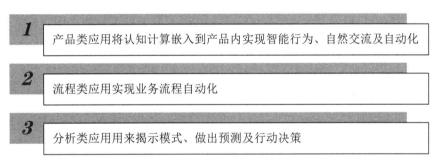

图7-12 认知计算的商业应用类型

目前，医疗行业主要面临医院数据壁垒、样本量小、成本高和数据结构化比例低（数据未实现电子化、以纸质形式保存）等三大问题。创业公司主要是通过和医院进行科研合作的方式来突破这个瓶颈。此外，还可与基因公司、CRO公司（专业药品研发）、移动医疗公司合作提供标准化的增值服务。

（2）国内目前医疗领域的机器人主要包括图7-13所示的几类。

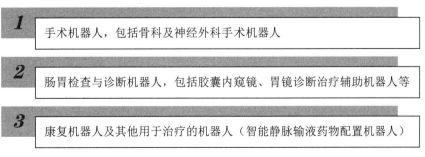

图7-13 医疗领域机器人的类型

全球医疗机器人市场空间巨大，据波士顿咨询数据显示，未来五年年复合增长率约为15.4%。目前，我国医疗机器人正在逐渐打破进口机器人的垄断地位。国内手术机器人公司主要通过向医院销售机器人并提供长期维修服务的方式，或者为医院提供手术中心整体工程解决方案的模式开展业务。

4.药物研发

药物研发主要是完成新药研发、老药新用、药物筛选、药物副作用预测、药物跟踪研究等工作，传统药物研发存在周期过长、研发成本高、成功率低等痛点，利用机器学习和人工智能可以减少传统药物研发的时间成本与精力成本，降低失败率。

此外，生物医学的海量数据引发了制药行业对人工智能的兴趣，不断增加的计算能力和大型数据集的扩散促使科学家们寻求可以帮助他们浏览大量信息的学习算法，这些都有助于人工智能在药物研发上应用。而在不良药物事件预测上，人工智能可结合患者个体的真实数据，通过机器学习等算法建模，从而对患者进行风险评估，有效预测不良药物事件。

人工智能技术应用于药物研发上，能大大缩短开发周期，降低成本。人工智能在药物研发上的应用主要为两个阶段：药物研发阶段和临床试验阶段。如图7-14所示。

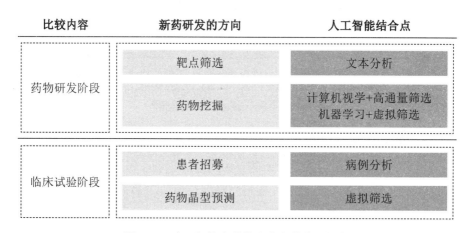

图7-14 人工智能在药物研发上的应用场景

（1）靶点筛选。靶点是指药物与机体生物大分子的结合部位，通常涉及受体、酶、离子通道、转运体、免疫系统、基因等。现代新药研究与开发的关键首先是寻找、确定和制备药物筛选靶——分子药靶。传统寻找靶点的方式是将市面上已有的药物与人身体上的一万多个靶点进行交叉匹配以发现新的有效的结合点。人工智能技术有望改善这一过程。人工智能可以从海量医学文献、论文、专利、临床试验信息等非结构化数据中寻找到可用的信息，并提取生物学知识，进行生物化学预测。据预测，该方法有望将药物研发时间和成本各缩短约50%。

（2）药物挖掘。药物挖掘也可以称为先导化合物筛选，是将制药行业积累的数以百万计的小分子化合物进行组合实验，寻找具有某种生物活性和化学结构的化合物，用于进一步的结构改造和修饰。人工智能技术在该过程中的应用有两种方案，一是开发虚拟筛选技术取代高通量筛选，二是利用图像识别技术优化高通量筛选过程。利用图像识别技术，可以评估不同疾病的细胞模型在给药后的特征与效果，预测有效的候选药物。

（3）患者招募。据统计，有90%的临床试验均未能及时招募到足够数量和质量的患者。利用人工智能技术对患者病历进行分析，可以更精准地挖掘到目标患者，提高招募患者效率。

（4）药物晶型预测。药物晶型对于制药企业十分重要，熔点、溶解度等因素决定了药物的临床效果，同时具有巨大的专利价值。利用人工智能可以高效地动态配置药物晶型，防止漏掉重要晶型，缩短晶型开发周期，减少成本。

 **资讯平台**

根据Global market insight的数据统计，药物研发在全球人工智能医疗市场中的份额量大，占比达到35%。在药物研发方面，我国的新药研发目前还是以仿制药和改良药为主，而国外研发主要以创新药为主，因此在人工智能应用于新药研发的领域中，国外比国内走得更远。

5.健康管理

健康管理是运用信息和医疗技术，在健康保健、医疗科学的基础上，建立一套完善、周密和个性化的服务程序，维护健康，帮助健康或亚健康人群建立有序、健康的生活方式，远离疾病，在出现临床症状时及时就医、尽快恢复健康。健康管理主要包括营养学、身体健康管理和精神健康管理。如图7-15所示。

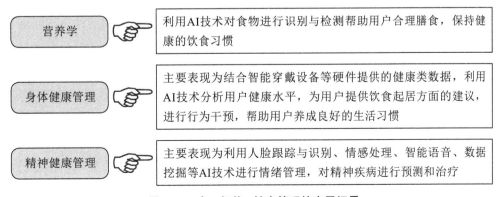

图7-15　人工智能＋健康管理的应用场景

由于目前智能硬件和手机存在"数据孤岛"现象，如果能将各类健康数据整合至一个平台，健康管理类应用将可以挖掘数据的深层价值，产生更大的商业价值。我国精神疾病医护人员缺少"AI+精神疾病管理"技术，因而人工智能+健康管理市场潜力巨大。

6.医院管理

医院管理是指针对医院内部、医院之间的各项工作的管理，包括病历电子化、分级诊疗、DRGs（诊断相关分类）智能系统、医院决策支持的专家系统等。

病历电子化是病历结构化和挖掘更深层次数据价值的基础，深度学习算法的发展，循环神经网络推动了自然语言处理技术的发展，使得病历结构化成为可能，我国自2002年以来陆续推出了一系列病历电子化方面的规范文件，推动病历电子化和医疗数据产业化进程，促进医疗体系更加数字化。目前国内病历结构化服务的公司主要通过向医院提供开放性服务平台，以数据换服务实现双赢。

分级诊疗是指按照疾病的轻重缓急及治疗的难易程度进行分级，不同级别的医疗机构承担不同疾病的治疗，实现基层首诊和双向转诊。2015年，国务院发布了《国务院办公厅关于推进分级诊疗制度建设的指导意见》中提出，到2017年，分级诊疗政策体系逐步完善，医疗卫生机构分工协作机制基本形成，优质医疗资源有序下沉，基层医疗卫生机构诊疗量占比明显提升，就医秩序更加合理规范；到2020年，分级诊疗服务能力全面提升，基本建立符合国情的分级诊疗制度。

7.辅助医学研究平台

辅助医学研究平台是指利用人工智能技术辅助生物医学相关研究者进行医学研究的技术平台。2014年以来国家卫健委、国务院相继出台了多个文件鼓励医疗机构及医生进行科学研究。

但一方面我国临床医生工作时间主要用于病患的诊疗，缺乏时间和精力进行科研，另一方面我国结构化数据较少、医生统计分析能力有限、科研经费不足，引入人工智能技术构建辅助医学研究平台的线上科研将可以改变这一局面。辅助医学研究平台主要实现数据收集、存储与统计分析以及基因测序等生物信息分析功能，业务模式也是通过科研合作换取模型训练数据共享科研成果。

8. 虚拟助理

类似于苹果的 Siri、亚马逊的 ALEXA、微软 CORTANA、天猫精灵、小米人工智能音响等通用型"虚拟助理"，通过文字或语言的方式，与机器进行类似人的交流互动，医疗领域中的虚拟助理属于专用型虚拟助理，基于专业领域的知识系统，通过智能语音技术（包括语音识别、语音合成和声纹识别）和自然语言处理技术（包括自然语言理解与自然语言生成），实现人机交互，解决诸如语音电子病历、智能导诊、智能问诊、推荐用药及衍生出的更多需求。

（1）语音电子病历。目前我国医生书写病历占用大量工作时间，采用传统书写病例方式转录电脑效率低下，虚拟助理可以帮助医生将主诉内容实时转换成文本，录入 HIS、PACS、CIS 等医院信息管理软件中，提高填写病历的效率，避免医生时间和精力的浪费，使其能有更多时间投入到与患者交流和疾病诊断中。

资讯平台

国内提供语音电子病历的公司主要有：科大讯飞、云知声和中科汇能。产品形态主要是以软硬件一体全套解决方案，软件是以语音识别引擎为核心、以医疗知识系统为基础的语音对话系统（语音 OS），硬件是医用麦克风。医疗专用麦克风主要用来增强说话者声音、抑制环境噪声干扰。语音识别引擎可以实现人机交互与文本转写，文字自动录入电脑或平板的光标位置，相当于医疗级的"语音输入法"。

医疗知识系统包含各类疾病、症状、药品以及其他医学术语，是语音对话系统的基础，帮助完成语音识别、病历纠错。公司与医院进行科研合作，公司通过医院的病历数据和临床使用不断训练模型优化算法，医院免费试用公司的语音电子病历产品，共享公司优化后的产品。

目前语音电子病历产品成本较低（30～50万元）、效果显著，受益于医疗信息化政策有一定的出货量，落地速度较快。科大讯飞的"云医生"APP＋自主研发的麦克风，语音识别技术相对成熟。云知声开发的"云知声"软硬件一体解决方案，具备云端语义校正、识别有口音的普通话。中科汇能的"医语通"软硬件一体解决方案，正自主研发麦克风无监督自适应技术，逐步解决口音识别问题。

（2）智能导诊。医疗领域的导诊机器人主要采用人脸识别、语音识别、远场识别等技术，通过人机交互，实现挂号、科室分布及就医流程引导、身份识别、数据分析、知识普及等功能。

2017年开始，导诊机器人已陆续在北京、湖北、浙江、广州、安徽、云南等地医院

和药店中使用。只要在机器人后台嫁接医院信息等知识系统，机器人就可以实现导诊功能，国内的众多机器人制造厂商都有机会开发医疗市场。

（3）智能问诊。智能问诊主要用来解决目前医疗领域普遍存在的医患沟通效率低下与医生供给不足两大难题。智能问诊系统包括"预问诊"和"自诊"两大功能。如图7-16所示。

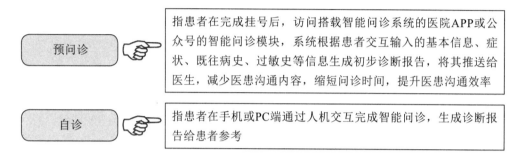

图7-16　智能问诊系统的两大功能

目前，这一板块的公司主要有康夫子、云知声、云听、壹健康、达阔科技、万物语联和半个医生，春雨医生、好大夫等移动医疗服务平台也在尝试进入，智能问诊系统是移动医疗平台服务升级的突破口。

（4）推荐用药。我国药品市场正在快速增长，药品市场将是千亿级的消费市场。推荐用药市场潜力巨大，目前该细分领域的公司主要以to B的业务模式为主，向线上医药电商以及线下药店开放系统接口，使自测用药服务迅速扩散，同时优化算法模型，为后期主打to C模式培养用户使用习惯和产品升级。

【案例一】 ▶▶▶
....

全球首个肺癌多学科智能诊断系统正式发布

2018年6月15日，"华西医院＆依图医疗"肺癌人工智能成果发布会暨互联网＋医疗人工智能高端峰会在成都召开，双方共同宣布战略级合作，发挥各自优势，以AI治理多模态医疗大数据，构建全维度临床研究平台；以平台加速AI应用创新，推动学科进步与医院智能化。双方合作研发的国内首个肺癌临床科研智能病种库和全球首个肺癌多学科智能诊断系统亦于当天正式发布。

肺癌是中国发病率和死亡率最高的恶性肿瘤。作为国家级医学中心，科技影响力多年位居全国第一的华西医院，在肺癌的早筛早诊早治、肿瘤MDT、靶向治疗等多个领域位列国内领先水平。然而对于更为广阔的西南地区日益增长的肺癌诊疗需求，优质医疗资源的短缺依然非常明显。

华西-依图联合研发的肺癌临床科研智能病种库，跨系统集成了2.8万例肺癌患者的全周期数据，超过百万份临床文档和报告，超过千万份原始医学图像，收录肺癌患者的影像、病理、基因检测、病历文本等多维数据，也是国内首个基于人工智能技术的肺癌单病种科研数据库。

依托这个全球顶级的病种库，华西-依图联合团队，以临床指南为指导，融汇华西医学专家智慧，共同开发了全球首个肺癌多学科智能诊断系统。基于双方共建的肺癌临床智能科研病种库，肺癌多学科智能诊断系统已经从最初的影像描述性状，进阶到能为医生提供诊断治疗方案和相似病例以供参考。

该系统是基于深度学习和自然语言处理技术，根据遗传因素、生活习惯和环境风险等构建疾病风险预测模型，集成临床病历、多模态影像、肿瘤标志物和基因检测等检验检查结果并进行结构化处理，结合医学权威指南对患者进行综合诊断，为医生提供切实有效的帮助。

【案例二】▸▸▸

全国首个导诊机器人亮相合肥

"您好，请问有什么可以帮助您？"在合肥市第一人民医院的门诊大厅里一位叫晓曼的导诊机器人，正主动与前来导医台咨询的患者打招呼。导诊机器人晓曼身高150厘米，外形娇小可爱，其情商、智商兼具，回答通俗，还很幽默、接地气。她不仅能像导医一样回答问题，还说得了段子、卖得了萌。如下图所示。

机器人晓曼

其实，在2017年年底晓曼就开始上班，实习期表现一般，仅两个月系统培训后，如今俨然成了学霸，医院所有科室的问诊记录，219个常见病和症状对应的科室信息、51个常见问询知识，晓曼全部掌握了，应付平常的问询根本不在话下。

导诊机器人晓曼由合肥市第一人民医院研发。据医院负责人介绍，晓曼的开发初衷是为了解决门诊导医人数较少、重复问答较多的现实情况。

医院门诊患者流量大，询问情况特别多，相对其他护理岗位，导医工作相对枯燥乏味、成就感低、责任感差。因此，导诊机器人的作用愈发凸显，它能及时响应，指导患者就医、引导分诊，同时向患者介绍就医环境、门诊就诊疗程和医疗保健知识。

【案例三】▶▶

健康有益打造 AI 健康医疗智慧大脑

2018年7月24日，北京健康有益科技有限公司（下文称"健康有益"）发布了最新成果ego 2.0系统。

ego 1.0系统聚焦于健康管理，而其2.0系统则深入医疗领域，覆盖病前咨询、病中治疗、病后康复三大阶段，形成完整的"导诊—问诊—检测—诊断—治疗—执行—随访"疾病管理闭环。ego 2.0系统在导诊、问诊和辅助诊断方面取得了巨大进展，可实现基于人机交互的智能导诊、语音病例、辅助诊断等相关服务，还可进行用药指导和MR辅助手术方案等。

ego 2.0系统不仅在健康管理、疾病管理方面进行了深入的研究和提升，在AI核心技术方面，也取得了突飞猛进的发展，诸如在机器视觉方面，已实现了多物体检测和多物体识别；在三维重建方面，实现了普通摄像头和深度摄像头的人体、面部精准三维重建，误差在2毫米之内。

并且，ego 2.0系统的健康医疗知识库构建也取得突破性进展，食物库扩充到了100万；运动库达到了2400项，涵盖了所有的运动形式、康复动作。同时，健康知识实体数量已达到100万；疾病知识图谱初具规模，实体数量已超50万，能够支撑中西医相关疾病的诊断和治疗。ego 2.0系统已经由大平台系统转变成为面向健康医疗领域的"智慧大脑"，健康有益正在努力将其打造成世界上最智能的健康医疗大脑。

（08）

第八章
人工智能+金融

◆ 导言 ◆

人工智能是引领未来的战略性技术，金融是一个国家核心竞争力的重要体现，世界各国均重视人工智能技术在金融领域的科研开发和应用，因此人工智能在金融领域具有广阔的应用前景和发展空间。

一、人工智能与金融业结合

1.科技与金融融合的历程

按照金融行业发展历程中不同时期的代表性技术与核心商业要素特点划分，可将金融业的发展分为图8-1所示的三个阶段，各阶段相互叠加影响，形成融合上升的创新格局。

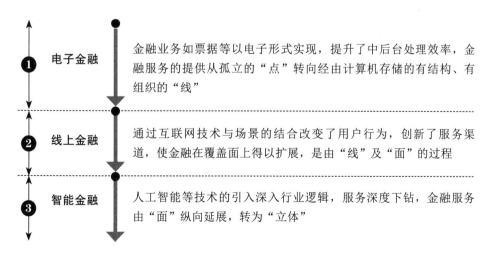

图8-1　科技与金融融合的历程

如今的智能金融阶段，是建立在IT信息系统稳定可靠、互联网发展环境较为成熟的基础之上，对金融产业链布局与商业逻辑本质进行重塑，科技对于行业的改变明显高于以往任何阶段，并对金融行业的未来发展方向产生深远影响。

2.智能金融所处的时期

智能金融目前整体仍处于"浅应用"的初级发展阶段，从金融业务外围向核心渗透的过渡阶段。如图8-2所示。

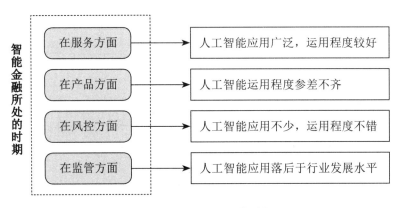

图8-2　智能金融所处的时期

3.智能金融的特征

在智能金融阶段，具有图8-3所示的四大特征。

图8-3　智能金融的特征

（1）自我学习的智能技术。人工智能可以更灵活地自主学习和管理知识，更准确地提前感知外界环境动态变化，理解用户需求，做出判断并决策。

（2）数据闭环的生态合作。智能金融企业更加注重企业间数据结果回传对于合作各方未来能够可持续满足用户需求的能力的提升。

（3）技术驱动的商业创新。人工智能时代使得技术在金融的核心，即风险定价上发挥更大的想象力，带来应用层终极变革。

（4）单客专享的产品服务。所有的产品不再是为了"某些"客户提前设计，而是针对"某个"客户实时设计得出，实现产品服务的终极个性化。

微视角

　　简而言之，智能金融最终将金融服务推向新的高度，真正实现以客户为中心，成为未来金融服务的新标准：随人，随需，随时，随地。

二、人工智能重塑金融业

　　智能金融是人工智能技术与金融业的深度融合，它将重塑金融的价值链和金融生态，拓展金融服务的广度和深度，辅助、提升、替代和超越人类智能，推动金融模式变革。

1."头雁"带动效应凸显

　　业内专家认为，移动互联网、区块链、云计算、大数据等新技术应用正在日趋成熟，发挥各自优势，共同为金融行业的智能化转型升级奠定重要基础。

　　从技术层面看，人工智能本质上是机器通过大量的数据训练作出智能决策的能力。基于传统的计算方式，机器只能按照预先编写的程序处理信息，一旦出现没有预设的情况，或者需要结合大量上下文的判断，机器就无能为力了。而人工智能能够赋予机器具有理解力的"大脑"，让机器能够解读文字、数据所包含的"语义"，通过自学的方式获得判断的规则。

　　因此，作为一项基础性技术变革，人工智能溢出带动性很强，能够推动传统产业实现技术革新和产品升级。在金融业数字化转型的过程中，人工智能也将发挥"头雁"带动效应，推动技术革命。

微视角

　　未来，人工智能的飞速发展，使得机器能够在很大程度上模拟人的功能，实现批量人性化和个性化服务于客户，这对于身处服务价值链顶端的金融业必将带来深刻影响。

2.将对金融业进行颠覆性重塑

　　当前，世界主要发达国家纷纷把发展人工智能作为提升国家竞争力、维护国家安全的重大战略，加紧积极谋划，围绕核心技术、顶尖人才、标准规范等强化部署，努力在

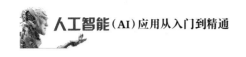

新一轮国际科技竞争中掌握主导权。

有分析认为，2020年将有超过500亿台机器、设备进行互联，超过2000亿个联网传感器产生海量数据。人工智能技术将成为移动互联网时代向万物互联时代过渡的突破点。

作为科技创新的下一个"风口"，人工智能不仅是现阶段金融科技领域内的热点技术，也将对未来的金融业进行颠覆性重塑。人工智能将成为银行沟通客户、发现客户金融需求的重要手段，进而增强银行对客户的黏性。它将大幅改变金融现有格局，使金融服务更加个性化与智能化。如图8-4所示。

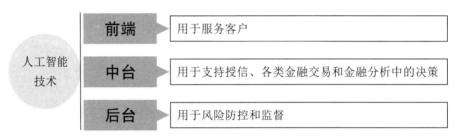

图8-4 人工智能重塑金融业

相关链接

人工智能+金融的发展趋势

我国信息化水平的提高，使得金融业与人工智能的融合达到前所未有的高度，这对于传统银行来说既是挑战也是机遇。随着中国经济进入新常态，传统金融业面临"三高一低"的挑战，如下图所示。

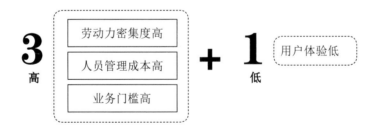

传统金融业面临的挑战

传统金融信贷业务中，催收、客服及电销人员占比超过60%，人员素质参差不齐的现状造成了管理成本过高的问题，由此衍生的客户体验差，也成为困扰金融业的一大通病。降本增效是未来经济发展的趋势，金融机构加快运用大数据、云计算、人工智能等金融科技手段进行改革的大势，是金融科技行业深入参与新金融格局共建的

风口。

　　而人工智能将成为像水电煤一样的基础设施，没有AI能力的企业会被边缘化。

　　从行业角度看，未来的竞争是综合能力的竞争，包含流程、效率等在内的产品体验将会成为重要的衡量标准。行业正在表现出去人工化、在线化和智能化趋势，从而进一步解决金融服务的广度、深度和满意度的问题。从技术的角度出发，各种行为数据将会被更加充分地利用。目前传统金融机构积累的大量纸质化信息的价值尚未被完全发掘，非结构化数据的应用将改变数据的结构化价值。此外，大型企业和中小公司都将在数据处理、发掘、打通环节中发挥不同的作用。

三、人工智能推动金融业的变革

　　伴随着人工智能技术的发展，人工智能的应用已广泛渗透到金融行业中且日渐成熟，并推动银行、保险、资本市场三大金融行业的深刻变革。

1.带给银行业的变革

　　人工智能技术在银行业的应用较之保险与资本市场更为成熟。近年来国内外多家银行纷纷试水人工智能，人工智能应用已贯穿于庞大的银行业业务体系中，覆盖公司业务与零售业务从产品开发、营销与销售、风险管控与审核到客户管理与服务的完整流程，人工智能影响下的银行业价值链如图8-5所示。

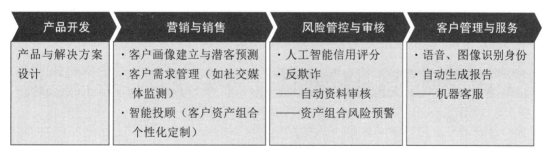

图8-5　人工智能影响下的银行业价值链

　　在银行业务价值链的四大核心环节中，人工智能带来了客户画像建立与潜客预测以及语音和图像识别身份两大创新模式；在产品与解决方案设计、客户需求管理、智能投顾、反欺诈、资产组合风险预警等方面为银行提供了智能分析与决策；在信用评分、资料审核、报告生成、客服等环节，人工智能更是将自动化水平推向了新高度。

2.带给保险业的变革

人工智能在保险业价值链的各个环节存在丰富的潜在应用。国内外领先的保险集团已开展人工智能布局，以覆盖保险业业务体系中产险、寿险各条线的前中后台流程。人工智能不仅可为前端营销、承保、核保、理赔等核心流程提供多样化支持，也渗透到了后端资产管理等环节中。人工智能影响下的保险业价值链如图8-6所示。

产品开发	营销与销售	核保定价及承保	保单管理与服务	理赔	资产管理
保险产品设计（精算）	·交叉销售和追加销售 ·客户流失预测	·用户行为评估以及财物状态检测 ·承保自动化 ——预审批建议	·客户请求流转 ·智能识别客户满意度	·远程理赔勘察（工作流优化） ·反欺诈检测 ·索赔预测	资产组合管理再保险建议

图8-6 人工智能影响下的保险业价值链

在保险业务价值链的六大核心环节中，人工智能带来了智能识别客户满意度这一创新模式；在保险产品设计、交叉销售和追加销售、客户流失预测、预审批建议、反欺诈检测、索赔预测、资产组合管理、再保险建议等方面提供了智能分析与决策；在用户行为评估以及财物状态检测、承保自动化、客户请求流转、远程理赔查勘等环节实现了自动化水平的新高度。

3.带给资本市场的变革

人工智能在资本市场同样具备广阔的前景。国内外领先的证券公司已开始探索人工智能在从证券发行、投资决策支持、销售与交易到数据分析与报告等各个环节的潜在应用。人工智能影响下的资本市场价值链如图8-7所示。

证券发行/一级市场	投资决策支持	销售和交易	清算、结算和托管	报告与数据分析
·智能文档解读 ·自动报告生成	·资产组合个性化定制建议 ·研究分析 ·多渠道界面信息沟通	·股票交易决策支持 ·风险建模 ——智能投资顾问	跨资产类别清算	移动报告

图8-7 人工智能影响下的资本市场价值链

在资本市场业务价值链的五大核心环节中，人工智能带来了多渠道界面信息沟通这一创新模式；在资产组合个性化定制建议、股票交易决策支持、研究分析、风险建模、智能投资顾问等方面协助开展智能分析与决策；在智能文档解读、自动报告生成、跨资产类别清算、移动报告等环节推进了自动化水平达到新高度。

4.带给金融业支持性职能的变革

金融行业的合规、IT、人力、财务等后台支持职能中存在较多高重复性的工作，而人工智能技术的重要应用之一正是对高重复性工作的替代，因此，人工智能在后台支持流程中存在大量应用机会，而且这些应用对于银行、保险、资本市场等金融行业而言具有通用性。目前，人工智能已被广泛应用于各后台职能中涉及合规风险检测、信息技术、人力资源等方面的各个环节，人工智能影响下的金融机构支持流程如图8-8所示。

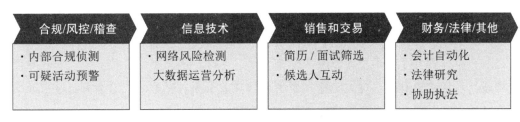

合规/风控/稽查	信息技术	销售和交易	财务/法律/其他
·内部合规侦测 ·可疑活动预警	·网络风险检测 大数据运营分析	·简历/面试筛选 ·候选人互动	·会计自动化 ·法律研究 ·协助执法

图8-8 人工智能影响下的金融机构支持流程

在金融机构的四大类支持流程中，人工智能带来了大数据运营分析这一创新模式；在内部合规侦测、可疑活动预警、网络风险检测等方面促进了智能分析与决策；在简历/面试筛选、候选人互动、会计自动化、法律研究、协助执法等方面提升自动化水平到达新高度。

相关链接

人工智能对金融创新的积极影响

1.促进金融服务主动、智慧

金融行业属于服务行业，是通过与客户的沟通和交流，及时满足客户需求，挖掘客户潜在金融价值。一直以来，传统金融服务集中于服务网点，通过与客户面对面交流，挖掘客户潜在需求，寻求客户金融价值。传统金融服务是由客户发起，主动来到网点接受金融服务，此时，金融机构提供的服务处于被动状态。随着人工智能的发展，传统金融服务方式发生转变，诸多金融机构利用人工智能技术主动出击，通过网银、APP获取客户信息，及时挖掘客户潜在的金融价值，积极开展主动式金融服务。同时，客户在办理业务的过程中开始比较哪家金融机构服务最优、服务效率最高，这也加剧了金融行业的市场竞争。基于实践了解到，网络金融服务已经逐步占领市场，其被客户选择和认可度远远高于传统金融服务,主要原因就是网络金融基于人工智能进行需求分析,促进金融服务更加主动、更加智慧。

2.提高金融数据处理效率

作为百业之基,金融行业与其他行业存在密切联系,金融机构在长期经营过程中积累了大量数据信息,包括各项交易数据、客户信息、市场前景分析等,单纯依靠人工已经无法完全利用这些数据,进而无法更好地指导金融活动。但随着人工智能时代来临,大数据技术应运而生,利用大数据技术读取、分析和处理海量数据信息,从而实现对金融机构数据的应用,可以让数据成为金融机构开展业务的重要参考。同时,人工智能能够提高数据处理效率,实现金融数据建模,将非结构化图片、视频等转化为结构化信息,并对相应数据进行定量和定性分析,既充分利用了金融行业的海量数据,又提升了金融处理效率。以阿里小贷为例,阿里小贷通过对商户最近100天的数据进行分析,即可了解哪些商户存在资金问题,此时,阿里小贷主动出击,积极与商户沟通,能够在短短数小时内为商户提供金融贷款服务。可见,人工智能能够有效提高金融数据的处理效率,从而提升金融服务效率。

3.提升金融风险控制能力

金融行业在发展过程中面临的最大困难就是金融风险,无论是信贷服务还是投资服务,金融机构都需要承担巨大风险。因此,规避风险是确保金融机构稳定发展的重要前提。一直以来,传统金融机构风险控制的主要方式就是聘请经验丰富的风险评估师,利用经验来规避风险,并成立风险控制部门,利用团队协作抵御风险。但是,在实践之中,这些风险控制的效果十分有限,并不足以确保金融机构稳定发展。随着人工智能时代来临,人工智能、大数据技术开启了风险管控的新篇章,金融机构不再单纯利用经验控制风险,而是通过全面的数据分析、构建模型,预估风险来源和风险系数,并制定相应的预防措施。

以京东金融为例,目前,京东金融已经利用人工智能对用户社交数据、信用累积进行分析,并实施欺诈监测,通过数据分析判断借款人的还款意愿和还款能力,从而制定贷款标准,确保京东金融贷款始终处于安全状态,将风险系数降至最低。人工智能在风险控制领域的应用,不仅提高了金融机构风险控制的能力,更降低了风险控制的成本,有效提升了金融机构的安全度和稳定性。

四、人工智能+金融的产业链

根据市场参与情况将产业链分为基础层、技术层和场景层,其中,基础层以云服务、芯片、传感器、摄像头等硬件厂商为主，为行业建设提供基础性支持；技术层是各类人工智能技术公司，主要提供人工智能算法等核心技术和解决方案；场景层，主要有智慧银行、智能投顾、智能投研、智能信贷、智能保险、智能监管等应用较高的场景。如图8-9所示。

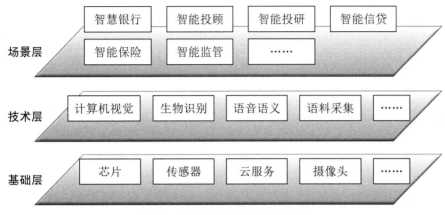

图8-9　人工智能＋金融的产业链

当前，参与到"人工智能＋金融"应用场景的企业大致分为传统金融机构、各类互联网公司（如京东金融、百度金融等）和人工智能技术类公司等。

传统金融机构具有较好的客户和数据基础，对业务具有更深刻的理解，同时金融牌照相对齐全；互联网公司同样拥有较好的客户和数据基础，研发和创新能力较强，但在特定的金融业务上仍然缺乏经验；人工智能技术公司则不同，独立的技术研发和创新能力是本身最大的优势，但在数据、客户资源和具体业务场景应用上大多依赖于第三方合作机构。此外，牌照也是互联网和人工智能技术公司共同面临的问题。

五、人工智能在金融业的应用场景

智慧银行、智能投顾、智能投研、智能信贷、智能保险和智能监管是当前人工智能在金融领域的主要应用场景，分别作用于银行运营、投资理财、信贷、保险和监管等业务场景。如图8-10所示。

图8-10　人工智能在金融业的应用场景

1. 智慧银行

智慧银行是传统银行、网络银行的高级阶段，是银行在当前智能化趋势的背景下，以客户为中心，重新审视银行和客户的实际需求，并利用人工智能、大数据等新兴技术实现银行服务方式与业务模式再造和升级。

人工智能的场景化应用渗透到银行业的方方面面，从前台业务到后台分析决策和企业运营，典型应用包括智慧网点、智能客服、刷脸支付、智能风控、精准营销和智能化运营等。如图8-11所示。

后台运营	后台决策分析	前台业务
·安防 ·员工管理 　员工签到 　员工行为监控 ·网点管理 　网点布局优化 　网点资源配置	·精准营销 　用户行为分析 　智能获客与活客 ·智能风控 ·辅助决策 　产品定价 　流程决策	·智能客服 ·智能自动终端 　VTM 　在线应用 ·智能身份鉴别 ·刷脸支付

图8-11　人工智能在银行业的相关应用场景

其中，智慧网点是智慧银行的核心，以提升用户体验为核心，一方面从网点软硬件设施和环境配置等实体上来改变银行信息采集方式和服务模式；另一方面充分利用后台分析和决策系统的结果来优化前台业务，从而提升服务质量，提高商业银行的核心竞争力。智能客服作为提升用户体验的重要方式，也是银行业服务升级的重要组成部分，在此我们主要选取智慧网点和智能客服两部分做简要介绍。

（1）智慧网点。对于现代商业银行而言，网点作为其重要的服务场所，是品牌形象的代表，更是影响客户、占领市场的重要渠道。早期，商业银行为提升自身竞争力，大量铺设线下网点，但随着网络渠道（如网络银行、虚拟银行等）对传统线下网点的取代和互联网金融的发展，银行网点运营的规模效应逐渐被削弱，运营成本整体增加。银行一方面大量裁撤网点以缩减成本，另一方面也迫切地寻求网点变革新路径。网点智慧化变革对银行整体服务生态来说是一个系统化的工程，未来或许还有更长的路要走，从建设现状看，主要的发展趋势如图8-12所示。

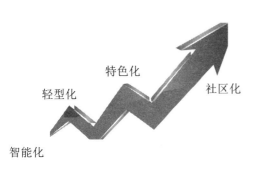

图8-12　智慧网点的主要发展趋势

◆ 智能化。随着人工智能技术的发展和行业竞争的加剧，利用智能化产品来改善和提升用户体验是市场的发展方向也是行业的必然选择。在智慧网点的建设中，越来越多的智能化设备将应用在银行业务的各个环节，同时也会有越来越多的智能系统和算法来辅助决策，提升用户体验。表8-1所示的是各类智能终端上人脸识别技术的应用情况。

表 8-1　各类智能终端上人脸识别技术的应用情况

网点 VTM/ATM	个人终端	摄像头	生物识别设备 （人脸、虹膜、指纹等）	网点自助终端
远程开户	远程开户	客户身份确认	核心区域安防、出入管理	手机实名认证
无卡取款	无卡取款	VIP客户识别	押运员身份确认	刷脸支付
转账/交易	转账/交易	员工行为监控		
	注册、登录等身份认证			
	手机实名认证			
	刷脸支付			

◆ 轻型化。传统网点面积大、人员多、运营成本高，智慧网点建设更倾向于轻型化和虚拟化。如图8-13所示。

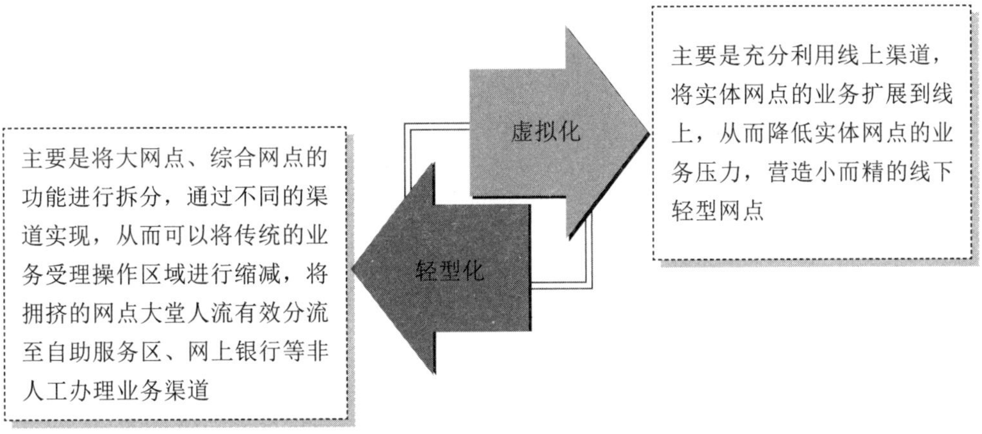

图 8-13　智慧网点建设更倾向于轻型化和虚拟化

近几年，各行在网点轻型化上进行了大胆的尝试，进一步简化网点功能，建立微型网点、社区网点，针对特定区域的客户办理简单快速的传统网点业务，如开卡、存取款、转账甚至理财产品销售。

◆ 特色化。特色化是与轻型化相伴的另一个趋势，即将传统的综合性网点功能进行拆解分流到不同的网点，就会导致不同网点业务功能的分化，从而形成各自的特色。

比如，以营销和获客为特色的营销型网点，以产品体验为特色的体验型网点等。

◆ 社区化。社区化具有两层含义，如图8-14所示。

图8-14　社区化的含义

网点社区化的变革打破了传统等客上门的模式，将网点服务与社区生活场景相结合，从而增加用户的使用频次。

（2）智能客服。金融服务业的本质决定了大量的客户运营需求，银行业尤其如此。客服作为企业与用户沟通的直接出口，需要兼具专业解答能力、营销能力与良好的沟通交流能力等多种素质。当前，客服行业人员素质参差不齐，高素质客服短缺且成本较高，而智能客服无疑是兼顾成本、效率与服务质量的一个折中选择。此外，更重要的是，智能客服相对于人工客服的高效性特点，为服务流程优化提供了更多的可操作空间，从而改变原有的营销和服务模式，使之更加精准化、智能化和人性化。当前，智能客服在银行业的应用主要有图8-15所示的三种形态。

在线智能客服 它通过知识图谱构建客服机器人的理解和专业答复体系，结合自然语言处理技术进行实时语音识别和语义理解，从而掌握客户需求，为用户提供自助在线服务，必要时向服务人员推送客户特征、知识库等内容，协助客服人员做好服务

实体服务机器人 实体服务机器人集智能语音语义、生物识别等多种交互技术为一体，在大堂内分担部分客户经理的工作，如迎宾分流、引导客户、介绍银行业务等

语音数据挖掘 通过语音和语义技术，系统可自动将电话银行的海量通话和各种用户单据内容结构化，打上各类标签，挖掘分析有价值信息，为服务与营销等提供数据及决策支持，如通过对通话过程中人员的语音语调分析获得客户满意度评价信息等

图8-15　智能客服在银行业的应用

2.智能投顾

智能投顾（Robot-Adviser）全称智能投资顾问，又称智能理财、机器投顾、机器理财等，是现代人工智能相关技术在财富管理领域的应用。它通过一系列智能算法综合评

估用户的风险偏好、投资目标、财务状况等基本信息，并结合现代投资组合理论为用户提供自动化、个性化的理财方案。其实质是利用机器模拟理财顾问的个人经验。

（1）智能投顾的核心环节。智能投顾的核心环节包括用户画像、大类资产配置（投资标的选择）、投资组合构建和动态优化等。如图8-16所示。

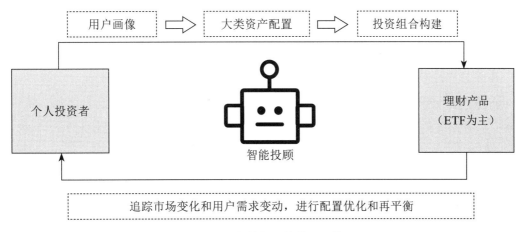

图8-16　智能投顾的核心环节

图8-16所示说明：

ETF（Exchange Traded Fund）又称"交易型开放式指数证券投资基金"，是一种跟踪"标的指数"变化且在证券交易所上市交易的基金。ETF因产品标准化、便于机器计算和操作，而成为当前智能投顾配置的主要产品。

（2）智能投顾的分类。按照应用侧重的不同，智能投顾可分为理财类智能投顾和辅助交易类智能投顾。前者以配置公募基金的卖方投顾模式为主，重在满足用户的产品配置需求，后者则通过择时、标的筛选和风险预警等功能辅助投资者做决策。

按人力参与程度，智能投顾分为全智能投顾（机器主导，人工有限参与）、人机结合的半智能投顾和以人为主的智能投顾（机器只起有限的辅助作用）三种模式。

在智能投顾发展的前期，机器主导的全智能投顾模式占据了主流市场，国外以Wealthfront、Betterment、嘉信理财智能投资组合为代表，国内以弥财、蓝海智投等公司为代表。全智能投顾模式的核心在于降低人力成本和服务门槛，但对于高净值客户，服务质量是主要的考虑因素，人工投顾仍然具有必要性，因而，人机结合的智能投顾逐渐受到重视，未来有望成为智能投顾的主流模式。

比如，嘉信理财于2017年3月推出的"Schwab Intelligent Advisory"即是一种人机结合的智能投顾服务，投资者在使用智能投顾算法获得配置建议的同时，也可通过电话或视频获得真人理财顾问的专业建议。

以人为主的智能投顾目前主要以社交跟投和投资策略为主流模式，国外以 Motif、Ovestor 为代表，国内则以雪球、金贝塔等公司为代表。

3.智能投研

智能投研是指利用大数据和机器学习，将数据、信息和决策进行智能整合，并实现数据之间的智能化关联，从而自动化地完成信息的收集、清洗、分析和决策的投研过程，提高投研者工作效率和投资能力。

传统人工投研流程可大致分为搜索与收集、数据和知识提取、分析研究和观点呈现四个步骤。智能投研则通过自动化途径优化这四个步骤，实现从搜索到投资观点的一步跨越。如表8-2所示。

表 8-2　智能投研从搜索到投资观点的一步跨越

项目	搜索与收集	数据和知识提取	分析研究	观点呈现
目的	寻找行业、公司、产品的基本信息	从搜索的信息中获取有用信息	通过工具和研究方法完成分析研究	将分析结果呈现出来
传统投研	搜索引擎搜索，书籍、报刊等文献资料查阅，论坛、交流	万德、彭博、新媒体等	excel	PPT、Word
智能投研	智能咨询推送、智能搜索引擎	公告/新闻自动化摘要、产业链分析、智能财务模型	事件因果分析、大数据统计分析	报告自动化
核心技术	自然语言查询、词义联想、语义搜索、企业画像	实体提取、段落提取、表格提取、关系提取、知识图谱	知识图谱	自然语言合成、可视化、自动排版

智能投研能够构建百万级别的研究报告和知识图谱体系，克服传统投研流程中数据获取不及时、研究稳定性差、报告呈现时间长等弊端，扩大信息渠道并提升知识提取及分析效率，在文本报告、资产管理、信息搜索等细分领域形成广泛应用。如图8-17所示。

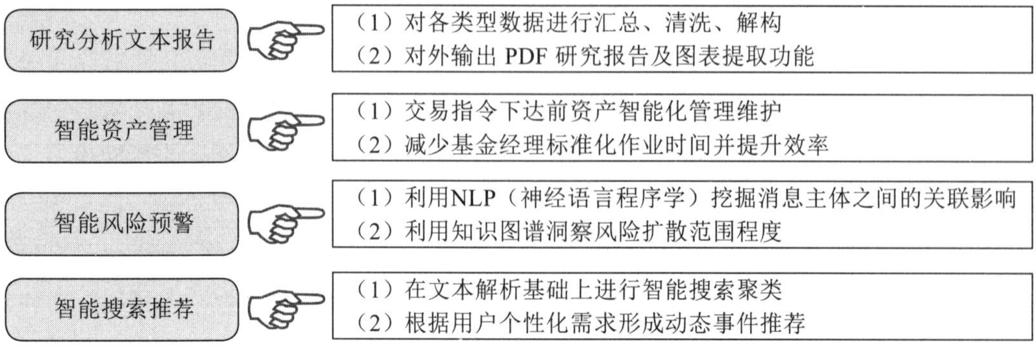

研究分析文本报告 👉 （1）对各类型数据进行汇总、清洗、解构
（2）对外输出 PDF 研究报告及图表提取功能

智能资产管理 👉 （1）交易指令下达前资产智能化管理维护
（2）减少基金经理标准化作业时间并提升效率

智能风险预警 👉 （1）利用NLP（神经语言程序学）挖掘消息主体之间的关联影响
（2）利用知识图谱洞察风险扩散范围程度

智能搜索推荐 👉 （1）在文本解析基础上进行智能搜索聚类
（2）根据用户个性化需求形成动态事件推荐

图 8-17　智能投研典型应用场景

微视角

> 与人工投研相比，智能投研虽然在分析判断的灵活性上还有一定的局限性，目前无法完全取代人工，但在辅助人工、提升效率效果上具有高效、智能和客观等明显的优势。

4.智能信贷

智能信贷是基于大数据和人工智能等金融科技相关技术，实现线上信贷业务的全流程优化和监控，从而提升风控能力和运营效率，降低人员维护成本。

智能信贷通过收集用户信息，筛选出有效数据，并根据指标和变量的权重对这些有效数据进行再次分析处理，最后通过决策引擎对此单借贷形成审批、额度、定价等判断，完成信贷流程，从贷前、贷中和贷后的各个环节实现信贷业务精细化运作。整个过程并行处理，依靠机器自动化完成，从而能够实现线上审核的"秒批"或"秒拒"。如图8-18所示。

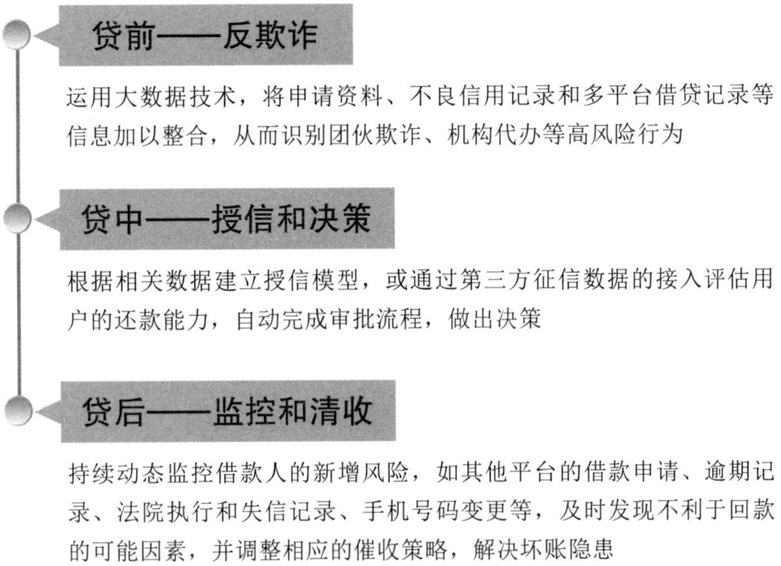

贷前——反欺诈

运用大数据技术，将申请资料、不良信用记录和多平台借贷记录等信息加以整合，从而识别团伙欺诈、机构代办等高风险行为

贷中——授信和决策

根据相关数据建立授信模型，或通过第三方征信数据的接入评估用户的还款能力，自动完成审批流程，做出决策

贷后——监控和清收

持续动态监控借款人的新增风险，如其他平台的借款申请、逾期记录、法院执行和失信记录、手机号码变更等，及时发现不利于回款的可能因素，并调整相应的催收策略，解决坏账隐患

图8-18 智能信贷的应用场景

5.智能保险

智能保险是利用大数据、人工智能、区块链等技术实现保险从售前到承保、理赔和售后的全流程优化。如图8-19所示。

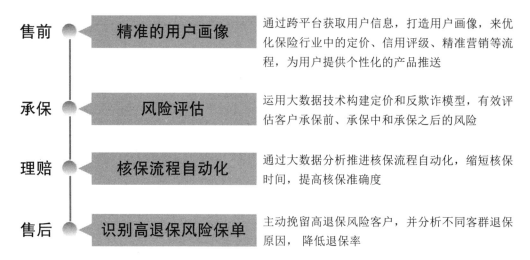

售前	精准的用户画像	通过跨平台获取用户信息，打造用户画像，来优化保险行业中的定价、信用评级、精准营销等流程，为用户提供个性化的产品推送
承保	风险评估	运用大数据技术构建定价和反欺诈模型，有效评估客户承保前、承保中和承保之后的风险
理赔	核保流程自动化	通过大数据分析推进核保流程自动化，缩短核保时间，提高核保准确度
售后	识别高退保风险保单	主动挽留高退保风险客户，并分析不同客群退保原因，降低退保率

图8-19　智能保险的应用场景

6. 智能监管

科技是把双刃剑，人工智能、大数据等新兴技术在金融领域的应用，推动了金融行业的变革，但同时也带来了图8-20所示的风险，且风险因子更加复杂，违法违规行为更加难以辨别，这对监管提出了更高的要求。

交易行为趋同可能加大市场波动　　技术风险和交易风险加强　　投资者管理的适当性遇到挑战

图8-20　新科技带给金融行业的风险

图8-20所示说明：

（1）例如，智能投研能够准确快速地捕捉到市场变化，生成相应的投资策略，但同时，相似背景、使用相似投研系统的用户将获得同样的投资建议，配合算法趋同的自动化交易系统的使用，极有可能产生相同的交易行为，从而在短期内给市场带来较大的冲击。

（2）毋庸置疑，金融科技对技术的依赖性越来越高，但技术并不是万能的，在金融系统中，技术漏洞引起异常交易、市场波动等风险事件具有极强的不确定性，因而，技术的应用实际上增加和强化了某些风险因素。

（3）例如，对智能投顾来说，当前主流的做法是通过问卷的方式来收集用户个人信息和理财目标，但实际上，很多客户的收益目标可能是较为模糊的，其风险承受能力也难以准确地度量，往往需要主观的综合判断。这就对人工智能技术提出了较为苛刻的要求，如果我们完全依靠机器、人工智能对投资者进行判断和筛选，很有可能把不合适的投资者引入到市场中，而突破投资者保护的底线。

目前世界各国都在积极支持人工智能在监管上的应用，在交易方面，智能监管主要包括在线监控系统和离线审查系统两大部分。如图8-21所示。

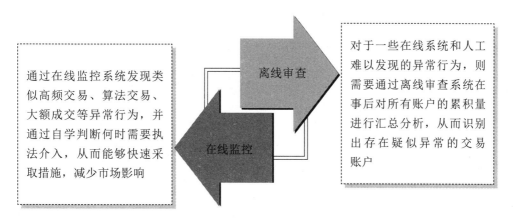

图8-21　智能监管的应用场景

此外，国内机构也在借鉴境外的监管经验的基础上，积极推进监管科技的发展。

比如，尝试利用大数据对投资者和上市公司进行画像，以便于进行更有效的行为分类监管；利用知识图谱刻画金融机构间的网络拓扑结构，以掌握风险、传导路径等。

 资讯平台

2017年5月15日，中国人民银行发布消息称，央行成立金融科技委员会，将强化监管科技应用实践，利用大数据、人工智能、云计算等技术丰富金融监管手段，提升跨行业、跨市场交叉性金融风险的甄别、防范和化解能力。

2018年3月上交所就人工智能、大数据等新科技在监管领域的应用给予了一定的介绍。同时表示，上交所将不断加大监管系统的建设投入，积极研发智能应用，以大数据平台为基础，以实际监管业务场景为着陆点，开展一系列人工智能新技术的课题研究，并将研究成果应用于实际监管工作。

【案例一】▶▶

国内首家无人银行开业

2018年4月，中国建设银行的一营业网点利用人工智能开展智能银行，成为国内第一家"无人银行"网点。

智能机器人

这次建行首次尝试无人网点：没有柜员！没有保安！取而代之的是人脸识别的闸门和摄像头，更高效率、更懂你的智能柜员机和会微笑说话和对你嘘寒问暖的机器人。如上图所示。

进门后，机器人会自动走到你跟前。客户只需要直接在机器人那里点一下就能进入排队系统，在业务办理区域前有一道闸门，第一次需要刷身份证，并进行人脸识别绑定才能通过。而人脸识别绑定过后，以后每次来办事，只需要直接刷脸就能通过，以后也不需要带身份证什么的了！如下图所示为刷身份证识别。

刷身份证识别

这个"无人银行"不仅是一家银行，也是一个拥有5万册书的"图书馆"，手机一扫，就能把书保存带走，还是一个实现了AR、VR多项技术的"游戏厅"，坐下来就能把建行建融家园中所有租赁的房子看一遍。除此之外还是一个"小超市"，办理相关金融业务后，可在智能售货机上领取免费饮品。

"无人银行"作为全程无需柜员参与办理业务的高度"智能化"网点，通过充分运用生物识别、语音识别、数据挖掘等最新金融智能科技成果，整合并融入当前的机器人、VR、AR、人脸识别、语音导航、全息投影等前沿科技元素，为广大客户呈现了一个以智慧、共享、体验、创新为特点的全自助智能服务平台。

【案例二】▶▶▶

平安推出"智能闪赔"等业务

2017年9月，保险业全球市值第一的平安集团及旗下金融科技公司金融壹账通在北京召开"智能保险云"发布会，首次推出"智能认证""智能闪赔"两大产品，面向全行业开放。

智能认证

"智能保险云"此次开放的"智能认证"，通过人脸识别技术、声纹识别技术、身份证OCR技术相结合，联网身份认证平台进行在线核查，快速准确地实人认证，可实现从保单制跨越实名制直接到达"实人、实证、保单"三合一的"实人认证"。

据平安方面介绍，平安智能认证投入使用后，新契约投保退保率降至1.4%，远低于行业的4%。投保时间可缩短到原来的1/30，双录时间缩短3/4，质检成功率提升65%。而"理赔难"的问题则通过实人认证技术结合线上智能化，处理时效由三天提速至30分钟，由此带来的客户满意度提升使保单加保率提高了一倍。

值得一提的是，"智能认证"的使用范围并不仅局限于保险领域，还可以运用于所有实人认证的场景，例如银行或证券开户等。

智能闪赔

"智能闪赔"包含以下四大技术亮点。

一是高精度图片识别：覆盖所有乘用车型、全部外观件、23种损失程度，智能识别精度高达90%以上。

二是一键秒级定损以海量真实理赔图片数据作为训练样本，运用机器学习算法智能对车辆外观进行损失的自动判定，只需一键上传照片，秒级完成维修方案定价。

三是自动精准定价：通过主机厂发布、九大采集地采集与生产数据自动回写三种方式，构建覆盖全国的工时配件价格体系，实现定损价格的真实准确。

四是智能风险拦截：构建承保到理赔全量风险因子库，应用逻辑回归、随机森林等多元算法，开发30000多种数字化理赔风险控制规则，覆盖理赔全流程主要"个案"与"团伙"风险，实现对风险的事中智能锁死、智能拦截与事后智能筛查。

平安方面表示，基于"智能闪赔"技术，2017年上半年平安产险处理车险理赔案件超过499万件，客户净推荐值NPS高达82%，智能拦截风险渗漏达30亿元。

应对2018年台风"山竹"期间，平安产险受影响区域分公司借助智能闪赔大幅提升车险理赔作业效率，及时响应客户需求。在智能图片定损引擎的帮助下，平安产险第一笔车险赔款仅在报案后十六分钟就支付到账。面对台风期间恶劣天气及灾后集中爆发的案件，平安产险深圳分公司车险案件线上处理率超过70%，仅用了4天时间完成近1.5万笔车险案件定损。

目前，平安产险"智能闪赔"技术已向行业开放，多家保险公司成为其签约合作伙伴。同时，平安产险将AI应用于车险理赔全流程，从智能人机交互代替人工座席接报案到基于大数据的动态调度实现极速查勘、智能图片定损，全面提升理赔服务体验。

【案例三】▸▸

人工智能助力传统保险点亮"逆袭"之路

近几年，人工智能已经在经济、医疗、教育、金融等服务行业掀起了迅猛发展的势头，各大IT巨头也纷纷在人工智能领域布局：百度进军无人汽车、阿里联合杭州市政府打造"城市数据大脑"、腾讯成立AI实验室……显而易见，人工智能时代已经到来。一直以来被诟病"销售误导、理赔烦琐"的保险行业，如今也乘上了人工智能的东风，开启了"逆袭"之路。目前已有多家保险公司正在尝试人工智能在保险中的应用，安心保险作为全国首批互联网创新型保险公司，更是将AI技术深植其业务链条之中。

人工智能，承保、理赔双优化

据了解，安心保险引进了阿里云在线机器人，阿里云在线机器人可以实现"猜你所想"，即根据客户输入的关键字猜测客户想要咨询的问题进行解答；还可以实现"答疑解惑"，即帮助人工客服解答疑问，并反馈没有储存的知识点，通过客服专岗人员进行总结归纳同类问题，训练机器人再学习，不断提升机器人的服务水平。截至2018年8月底，在线客服服务总量185556通，机器人独立完成120321通，人工完成65235通，机器人使用率达到64.8%。

在理赔方面，安心保险还引进了灵伴科技智能语音机器人。阿里云在线机器人除了"猜你所想""答疑解惑"外，还可以"理赔指路"，即引导客户上传理赔材料，客户可通过点击链接进入材料上传操作页面直接上传理赔资料，方便快捷。而灵伴科技智能语音机器人为客户提供了不同场景的在线语音客服服务，如新契约回访、结案支付回访、满意度调查等。目前，安心保险配置了2个灵伴智能机器人，可以同时呼出15通电话，极大提升了工作效率。经测算，灵伴机器人的工作效率是人工客服的6倍以上，但相同工作量费用仅为人工客服的三分之一左右。安心保险表示，智能机器人的使用，有效降低了人力成本投入，避免了人工客服疲劳工作的不可控性，为客户提供高效、稳定的客服服务。同时，智能机器人无需休息或调整情绪，可连续7×24小时在线工作，极大满足了用户需求，优化了用户体验。

全流程"一键式"服务，开启车险变革新时期

安心保险天然带有互联网基因，是首家系统在云上被保监会验收的保险公司。互联网车险是安心保险的核心业务产品，基于人工智能的应用，风控和理赔模式的创新，安心保险创造了独有的车险运营模式——安心互联网车险用户可以从承保、查勘、定损到理赔在手机上一键完成，这不单是指承保到理赔的某个环节，而是从承保到理赔全流程都可以在手机上跑通，最直接有效地解决了用户"理赔烦琐"的核心痛点，"自动理赔"也必将是保险业未来发展之路。这是安心保险发力移动互联所取得的最大成果，数据显示，安心互联网车险上线以来，利用不到一年的时间就以81%的市场份额稳居互联网保险公司首位。可以说科技赋能的安心保险，运用大数据、云计算、区块链、人工智能等技术，开启了车险的变革新时期。

科技管控风险是必由之路

目前，安心保险已经具备了多元的产品矩阵、多场景链，主打C端客户。安心保险不仅依托科技手段实现了极速理赔模式，还运用大数据、智能风控等技术，运用聚合和分析功能做了大量的反欺诈模型，并配有自己的黑名单系统"严进宽出"，每一个投保的人都会在数据库里走一遍，如果触发黑名单系统就走不下去了。科技的应用提高了效率、降低了成本。未来，不论是传统保险公司还是新型互联网保险公司，利用科技管理、控制风险才是必由之路。

第九章
人工智能+交通

导言

大数据技术和人工智能技术的广泛推广应用让我们的生活变得更加方便快捷，而以此为基础创建智慧交通管理模式，能够使我国目前的交通拥堵问题得到有效的解决，让我国的交通领域能够实现规范发展，提高交通方面的管理效率。

一、人工智能与交通管理

在交通管理工作中，人工智能主要用于运动目标检测和识别，常用的应用场景包括动态违法取证、交通信号控制、路网流量调控、人车特征关联、交通行为研判等。

1.动态违法取证

一些智能交通系统可利用视频检测、跟踪、识别等技术，根据车辆特征、驾乘人员姿态等图像数据，有效识别违法行为，特别是针对"假牌""套牌""车内不系安全带""开车打电话"等需要人工甄别的违法行为，这些智能交通系统不仅事半功倍，而且有效减少人工投入，大幅提升工作效率。

依据人工智能技术，可以建立智能动态交通违法审核机器人或系统，通过对视频图像进行智能分析，实现对违反禁止标线随意变道、加塞、逆行、占用公交车道、非机动车道行驶等交通违法行为的智能审核识别，并可自动提取违法车辆的车牌号、地点、类型、时间等信息，大量节省了人力，缩短了审核时间，提高了视频违法举报系统的效率。

动态违法取证系统能够自动识别画面中发生的交通违法，实现自动抓拍、自动上传，积极推动形成社会协调、公众参与、全民共治的社会治理新格局。

2.交通信号控制

利用人工智能技术可实时分析城市交通流量，调整红绿灯间隔，缩短车辆等待时间，提升城市道路的通行效率。

比如，杭州萧山区的部分路段安装人工智能中枢——"城市数据大脑"，通过"城市大脑"智能调节红绿灯，车辆通行速度最高提升了11%。

又如，浙江宁波智能警亭实现了实时掌握警务区道路交通运行状态，提前预判交通拥堵，及时发现交通事件，快速调度辖区警力，因地制宜开展预警、干预、处置，实现指挥扁平化、决策科学化。

再如，青岛公安交警部门通过布设的1200余台高清摄像机，4000处微波、超声波、电子警察检测点，组建智能交通系统，实时优化城市主干道、高速公路及国省道的红绿灯市场，使得整体路网平均速度提高9.71%，通行时间缩短25%，高峰持续时间减少11.08%。

3.路网流量调控

利用人工智能技术，可实时分析城市交通流量，调整红绿灯间隔，缩短车辆等待时间，提升城市道路的通行效率。

城市级的人工智能大脑，实时掌握着城市道路上通行车辆的轨迹信息、停车场的车辆信息以及小区的停车信息，能提前半个小时预测交通流量变化和停车位数量变化，合理调配资源、疏导交通，实现机场、火车站、汽车站、商圈的大规模交通联动调度，提升整个城市的运行效率，为居民的出行畅通提供保障。

4.人车特征关联

人车关联系统包括摄像头、手机信号探针及处理器。摄像头用于获取高速公路上的车辆图像信息；手机信号探针用于获取高速公路上的乘客的手机IMEI/IMSI信息；处理器用于根据车辆行驶轨迹与乘客移动轨迹判断车辆与乘客在相同时刻是否处于相同位置，并且在相同位置的速度是否相同；若车辆与乘客在相同时刻处于相同位置且速度相同，则判断乘客在车辆上，将一个或多个同速度、同位置的乘客与车辆进行关联，可实现车辆的乘员判定。

人车关联系统用于实现车辆与乘客的同时监管，将车辆与乘客关联起来，使得高速公路管理人员不仅对车辆的运行情况一目了然，还可以了解车辆的承载情况及乘客移动情况，提高了高速公路管理人员的工作效率，可广泛地应用在人流车流管控、交通事故的监控等领域。

5.交通行为研判

人工智能应用于交通研判可以实现高危路段预警；可以掌握主城区道路交通运行指

标情况、早晚高峰等交通运行总体情况，拥堵路段情况及车流量等情况。

常见的交通疏导系统，就是利用获取的路口路段车流量、饱和度、占有率等交通数据，通过优化灯控路口信号灯时长，以达到缓解交通拥堵的目的。

6.车辆识别方面

基于深度学习的车辆识别技术将特征范围由单纯的车牌或车标扩展到整个车身。车辆的车灯、格栅、车窗等均是车辆的重要特征，对车辆这些特征的引入，不仅大大提升了车辆识别的准确率，对干扰、遮挡等问题的适应性也更强，识别的类别也更加细化，不仅能识别车辆的品牌，而且能识别车辆的子品牌、型号、年款等详细类别。指定车辆在视频图像数据中的检索除了可以通过车牌、品牌、型号、颜色等描述信息进行外，还可以通过车辆图片或年检标、挂饰等局部特征进行。

目前，国内很多城市的车辆卡口系统在现有系统的基础上扩展了车辆识别功能，也称为车辆二次分析系统，基本可以识别2000余种细化到年款的车辆类型，并在此基础上扩展出很多如"假/套牌分析"等实战业务应用。

二、人工智能与出行服务

个性化出现的本质是因为供给侧丰富——资讯负载变大所以有了千人千面的信息流，出行服务如今正变得多样化，个性化需求更加强烈。

比如，近年来兴起的网约车、共享单车对城市原有出行系统形成了有力补充。2018年10月，百度和长沙宣布达成合作共建"自动驾驶之城"，计划推出国内首批自动驾驶出租车。此外，城市公共交通系统也在不断增加轨道交通、城际轨道、BRT自动公交等交通方式。

智能交通系统可以建立公共交通全景式交通信息平台和提供个性化交通服务，如图9-1所示。

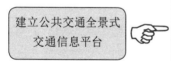

建立公共交通全景式交通信息平台 ☞	基于智能交通系统，用户在出发之前就可以获得最优出行路径、出行事件、交通拥堵情况等一系列信息；在出行中，智能信息服务体系可以及时反馈道路实时状况，让用户可以实时调整路线
提供个性化交通服务 ☞	定制化的交通服务依托于手机终端、智能诱导屏、智能车辆，根据用户的出行行为建立相应的用户画像，根据用户的历史数据建立用户兴趣模型，提供最能满足其兴趣的个性化出行信息

图9-1　智能交通系统在出行服务中的应用

资讯平台

2018年6月，百度智能交通上线了"百度智能诱导系统发布平台2.0"。该平台集成了一站式的诱导屏底板设计、制作及发布流程，有效提升道路诱导屏信息发布效率，可深度赋能城市交通管理者。同时，该平台也有助于驾驶者更加及时、准确地了解前方道路拥堵情况，并根据显示屏信息及时调整、选择合理行车路线。

百度智慧诱导发布平台有效地解决了用户的两个关键痛点，一个是诱导信息的准确性和实时性，另一个是高效便捷的底板图绘制工具。

目前，百度智慧诱导发布平台2.0已经用于升级和支撑北京、武汉、成都、南宁、郑州、济南、海口等直辖市及省会城市的共计600余块道路诱导屏信息发布，成为国内各大城市首选的交通诱导解决方案。这些通过百度地图赋能的诱导屏，不仅能够更好地引导驾驶人绕行交通拥堵区域，节约出行时间，也有助于大力缓解城市交通拥堵。

三、人工智能与人车交互

简单来说，汽车人机交互就是人与汽车的"沟通交流"方式。伴随汽车电动化、智能化、网联化变革，传统驾驶舱迅速同步演变，融合人工智能、自动驾驶、AR等新技术后，"智能驾驶舱"兴起。未来，智能驾驶舱能实现中控、液晶仪表、抬头显示（HUD）、后座娱乐等多屏融合交互体验，以及语音识别、手势控制等更智能的交互方式，重新定义汽车人机交互。

从技术角度来讲，智能驾驶舱分为硬件和软件两大部分。如图9-2所示。

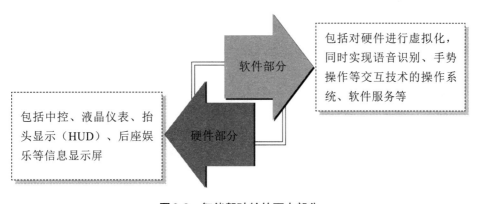

图9-2　智能驾驶舱的两大部分

1. 中控

不言而喻，汽车越来越智能，中控需要承载的功能也迅速增加，如全景影像、驾驶模式调节、ADAS驾驶辅助功能、氛围灯，以及车联网生态下的在线音乐、视频等，必须要有更大尺寸的屏幕去承载这些快速增长的内容。另外，随着AR技术的加入，中控大屏能做出更具新意和科技感的交互功能。

比如，从无人驾驶先行者特斯拉配置17英寸中控触摸屏开始，到更多互联网汽车、造车新势力的加入，中控屏开启快速迭代。荣威MARVEL X对标特斯拉，配备19.4英寸悬浮中控，其AR Driving技术将实景和导航融于一体；拜腾M-Byte概念车更是配置了横贯驾驶舱的49英寸4K中控屏幕。一览近年发布的新车中控显示屏尺寸信息发现，大屏中控无疑是未来的发展趋势。

但企业并不是一味地追求大屏，出于对安全、智能、灵活的交互体验的长远考虑，分屏显示+手势/语音控制也成为流行，让大屏幕变得更加灵活，操作更随心。

比如，在CES 2019上全球首发的新一代梅赛德斯—奔驰CLA，中控造型的最大亮点是10.25英寸双屏幕，这在同级别中几乎是"最具科技感"的存在，屏幕内置奔驰MBUX操作系统，包含先进的Interior Assistant功能和语音操控功能。

2. 液晶仪表

仪表板是驾驶员驾驶时的重要关注点，是汽车智能驾驶舱人机交互的关键入口之一。仪表板经历数字化革新，从传统的纯机械指针仪表板、电气仪表板，升级到液晶仪表（虚拟仪表），且市场已相当成熟。

一方面，新能源汽车和ADAS前装渗透率的快速提升，加速了液晶仪表落地。新能源车电量显示、续驶里程等关键信息，以及ADAS多种功能等行车信息呈指数级增长，传统机械仪表板难以应对，无法实现有效的人车交互。液晶仪表的信息承载量级和多样化组合显示，成为未来汽车交互的最佳选择。

比如，2016年的CES国际消费类电子产品展览会上，博世汽车就展出了最新的全数字仪表概念车，中控区域采用了全数字仪表板，最大限度避免驾驶员分心，并且提供更多样化的功能。

又如，2017年的CES Asia期间，大陆集团展示了一款3D液晶仪表，既可重现传统显示器的质感，又确保驾驶员享受到数字化内容。一些高端豪华车型如奔驰S、E系列，奥迪几乎全系，宝马7系、5系，特斯拉等也率先将液晶仪表纳入标配。

另一方面，需求端也促使液晶仪表下沉渗透。汽车从外观到内饰升级换代，消费者对汽车内饰的科技感和舒适性要求越来越高，液晶仪表是提升汽车消费者购买意愿的重要配置，且成为提升汽车驾乘体验的差异化亮点之一。如今，自主品牌如比亚迪、吉利、长安、众泰、长城的部分车型都纷纷配置全液晶仪表。

3.HUD

HUD 技术最早应用在飞机上，是利用光学反射的原理，将重要的飞行相关资讯投射在一片玻璃上面。在汽车领域，宝马最先将 HUD 应用于高端车型。最早的 HUD 需要有一个单独的屏幕来辅助信息呈现，被称为 C-HUD；其后的 HUD 去掉这块屏幕，直接将信息显示在风窗玻璃上，被称为 W-HUD。

HUD 主要显示图 9-3 所示的内容，驾驶员不需低头就可以看到信息，以避免分散对前方道路的注意力；驾驶员不必经常在观察远方的道路和近处的仪表之间切换视线，有效避免视觉疲劳。

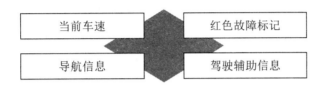

图 9-3　HUD 主要显示内容

鉴于 HUD 在提升驾驶安全等方面有着巨大优势和潜力，如今已经有越来越多的车型开始配备车载 HUD 系统，包括一些中档的车型，如 2017 款马自达 3 昂克赛拉、2018 款标致 3008。

不可否认，目前绝大多数原厂车载 HUD 所能提供的信息和呈现方式较为简单，都属于起步阶段，但随着成像技术的发展，未来的 HUD 会更加实用，尤其是融入增强现实（AR）技术后，HUD 技术上升到了新台阶。

AR HUD 仍将信息投射到风窗玻璃上，但不同之处在于，投射的内容和位置会与现实环境相结合，风窗玻璃 HUD 上显示的信息终将扩增到车前方的街道上，使信息更加真实。AR-HUD 技术在 L3 级及以下自动驾驶阶段，能够强化驾驶安全性，增强人机交互的体验。

目前，全球主要汽车零部件制造商，如大陆集团、伟世通、松下等都在加大 AR-HUD 的技术投入和商业化产品落地。大陆集团和 DigiLens 公司共同开发的超薄全息式抬头显示器将在三个维度上实现小型化，更确保了人与机器的触控，语音识别与手势控制以及恰当的信息投射在界面上，使驾乘者感知更直观。伟世通的 AR-HUD 集成了前视摄像头和驾驶员监控摄像头，当驾驶员注意力分散，或者车辆偏离车道以及车辆有碰撞危险的时候，会发出"智能预警"。

4.交互技术

除仪表板、中控和HUD外，语音识别和手势控制等交互技术是车载屏幕HMI（人机界面）的重要接口。驾驶过程中，让驾驶员过多的注意力、视线和操作转移到车载触摸屏上将带来不安全因素，语音识别和手势控制能提升行车安全。

（1）语音识别。基于机器学习和深度神经网络技术的语音交互系统有着一定的技术壁垒，美国的Nuance是语音识别技术领域的一大巨头，在2013年之前几乎垄断了各大汽车国际品牌如宝马、奔驰等的车载语音系统。语言的巨大差异使得国内也诞生了一批语音交互领域的后起之秀，如科大讯飞。

（2）手势控制。手势交互作为一种新的交互方式，已经在部分产品和展示设计中逐渐被应用。相比传统的物理操作方式，手势交互被认为是一种更为自然的交互方式，能减小驾驶员的视觉分心和认知负担。

比如，全新BMW7系搭载了行业首创的手势控制系统，让iDrive人机交互系统进一步提升。驾驶员可以用规定手势控制导航和信息娱乐系统，如旋转动作可调整音响音量，在空中点一下手指即可接听电话，而轻挥手掌则会拒接来电。

 资讯平台

2019年2月25日至28日，宝马集团（BMW Group）再一次革新了驾驶员与汽车的互动方式，在巴塞罗那举行的2019世界移动大会（Mobile World Congress 2019）上，该公司展示了宝马自然交互（BMW Natural Interaction）功能。该新系统将最先进的语音命令技术与增强的手势控制以及凝视识别功能相结合，首次实现了真正的多模态操作。首款宝马自然交互功能将于2021年在宝马iNEXT车型上推出。

宝马自然交互功能可让驾驶员同时使用声音、手势和眼神等多种方式的组合，与汽车进行互动，犹如人与人之间的对话一样。此外，还可根据情境和语境直观地选择首选的操作模式。语音识别、优化的传感器技术以及手势的语境敏感分析使得此类自由、多模态交互成为可能。通过精确检测手和手指的运动，手势的方向（除手势类型之外）也首次记录在扩展的交互空间中，该交互空间包含在驾驶员的整个操作环境中。此外，利用自然语言理解（Natural Language Understanding）功能记录和识别语音指令，智能学习算法也得到不断地优化，对复杂信息进行了组合和解释，使车辆能够做出相应的回应，最终创建了一个符合驾驶员希望的多模式互动体验。

通过组合不同的方式，可以以不同方式启动车辆功能。驾驶员可以根据个人偏好、习惯或是当前状况决定如何与车辆互动。因此，当驾驶员在与车辆交谈时，可能会选择手势和凝视控制；当驾驶员眼睛要看着路面时，最好选择语言和手势。例如，可以指示车窗或天窗开启或关闭，调节通风口或是在控制显示屏上选择所需功能。如

果驾驶员想要了解更多有关车辆的功能，也可以指向按钮、询问功能。

由于手势识别功能和汽车网联性得到增强，互动空间不再局限于车辆内部，乘员可首次直接与建筑物或是停车场等周围环境进行互动，即使询问复杂问题，也可通过手指指示或是语音命令快速、轻松获得回答。

四、人工智能与车路协同

车路协同是让汽车与以道路为主体的外界交通环境通信——包括车、人、路。与此同时，基于车路协同，汽车与汽车之间、不同道路设施间、行人与汽车间都会建立连接，互联互通。

1.车路协同创新生态

随着技术创新的快速普及应用，智慧交通与汽车智能化成为未来发展的必然趋势，车路协同则成为智慧交通的核心，也是解决交通出行安全畅通的有效切入点。业界一直在探索车路协同的解决方案，未来的车和路会具备更好、更高的智能，能够更实时、更细地感知环境，并且把这些环境的数据以及车流、人流的数据为未来的城市规划、道路规划、交通管理和疏导提供更好的帮助。如图9-4所示。

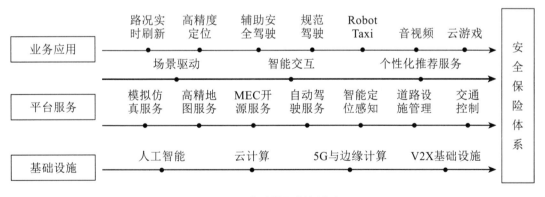

图9-4　车路协同创新生态

图9-4中的车路协同创新生态，主要分为三个部分。

（1）在基础设施层面，车路协同的落地实施需要依托人工智能技术和云计算资源为车路协同打造闭环能力。同时，随着5G的快速普及，基于边缘计算的车联网V2X架构将在出行场景有着广阔的应用。

（2）在平台服务层面，模拟仿真服务、高精地图服务、MEC开源服务、自动驾驶服务等应用环境，为车路协同提供技术支持和应用落地，有效提升车路协同的安全性和

效率。

（3）在业务应用层面，基于场景驱动、智能交互、个性化推荐服务等应用，可以进一步加强对用户需求的理解，以及对真实时间和空间场景的理解，一方面向用户及时推送实时路况信息、高精定位、辅助安全驾驶等能力，另一方面结合具体应用场景，把互联网的相关服务直接面向客户主动推送，从"人找服务"向"服务找人"进行转变。

2. 车路协同应用场景

目前，车路协同已经为三大典型应用场景提供了如图9-5所示的解决方案。

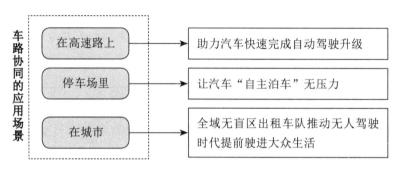

图9-5　车路协同的应用场景

未来，通过遍布于车辆周身的激光雷达和各类传感装置，汽车可以不间断、全方位地探测周围环境，相比于人类，汽车不会出现视觉盲区，探测精度也更高。

> **微视角**
>
> 时至今日，车路协同技术已经有了长足进步，随着5G的到来，5G+人工智能、5G+移动边缘计算等技术的融合，汽车将能够更好地感知环境的变化，充分实现人、车、路的有效协同，实现整个道路和城市的数字化、智能化水平。

五、人工智能与自动驾驶

自动驾驶汽车依靠人工智能、视觉计算、雷达、监控装置和全球定位系统协同合作，让电脑可以在没有任何人类主动操作下，自动安全地操作机动车辆。

在传统的"车—路—人"闭环控制方式中，92%的交通事故是由人为因素造成的，交通堵塞也与驾驶员违反交通规则有关。自动驾驶通过给车辆装备智能软件和多种感应设备，包括车载传感器、雷达、GPS以及摄像头等，根据感知所获得的道路、车辆位置和障碍物信息，控制车辆的转向和速度，实现车辆的自主安全驾驶，达到安全高效到达目的地的目标。自动驾驶的成功实现将会从根本上改变传统的"车—路—人"闭环控制方式，形成"车—路"的闭环，从而能增强高速公路安全、缓解交通拥堵，大大提高交通系统的效率和安全性。

1. 自动驾驶汽车的关键技术

自动驾驶汽车的关键技术包括环境感知、精准定位、决策与规划、控制与执行、高精地图与车联网V2X以及自动驾驶汽车测试与验证技术。人工智能在自动驾驶汽车中的应用包括人工智能在环境感知中的应用、人工智能在决策规划中的应用、人工智能在车辆控制中的应用。

（1）人工智能在环境感知中的应用。环境感知作为其他部分的基础，处于自动驾驶汽车与外界环境信息交互的关键位置，是实现自动驾驶的前提条件，起着人类驾驶员"眼睛""耳朵"的作用。环境感知技术是利用摄像机、激光雷达、毫米波雷达、超声波等车载传感器，以及V2X和5G网络等获取汽车所处的交通环境信息和车辆状态信息等多源信息，为自动驾驶汽车的决策与规划进行服务。

环境感知包括图9-6所示的内容。

图9-6　环境感知包括的内容

对于如此复杂的路况检测，人工智能的深度学习技术能够满足视觉感知的高精度需求。基于深度学习的计算机视觉，可获得较接近于人的感知能力。有研究报告指出，深度学习在算法和样本量足够的情况下，视觉感知的准确率可以达到99.9%以上，而传统视觉算法的检测精度极限在93%左右，人感知的准确率一般是95%左右。

（2）人工智能在决策与规划中的应用。行为决策与路径规划是人工智能在自动驾驶汽车领域中的另一个重要应用。前期决策树、贝叶斯网络等人工智能方法已有大量应用。近年来兴起的深度卷积神经网络与深度强化学习，能通过大量学习实现对复杂工况的决策，并能进行在线学习优化，由于需要较多的计算资源，当前是计算机与互联网领域研究自动驾驶汽车的决策与规划处理的热门技术。

（3）人工智能在车辆控制中的应用。相对于传统的车辆控制方法，智能控制方法主要体现在对控制对象模型的运用和综合信息学习运用上，包括神经网络控制和深度学习方法等，这些算法已逐步在车辆控制中广泛应用。

2. 自动驾驶应用场景

业界普遍认为，自动驾驶技术在公共交通领域和特定场所的使用将早于在个人乘用车市场的普及。自动驾驶汽车将最先应用的行业包括公共交通、快递运输、服务于老年人和残疾人。

（1）公共交通。相比于小汽车，公共交通更能惠及普通群众，让民众感受到人工智能、自动驾驶带来的技术革新和便利，这也是该项技术最初的出发点。

自动驾驶巴士被认为是解决城市"最后一公里"难题的有效方案，大多用于机场、旅游景区和办公园区等封闭的场所。

比如，百度 Level 4 级量产自驾巴士"阿波龙"已经量产下线。阿波龙能够载客14人，没有驾驶员座位，也没有方向盘和刹车踏板，最高时速可达70公里，充电两小时续航里程达100公里。这批成车将会被投放到北京、深圳、武汉等城市，在机场、工业园区、公园等行驶范围相对固定的场所开始商业化运营。

（2）快递运输。快递用车和"列队"卡车将是另外一个较快采用自动驾驶汽车的领域。随着全球老龄化问题的加剧，自动驾驶技术在快递等行业的应用将极大地弥补劳动力不足的问题，并且随着自动驾驶技术的成熟与市场普及程度的提高，无人配送将成为必然的趋势。

比如，2017年"6·18"京东首批试点运营的无人配送车在中国人民大学进行快递投递。2018年"6·18"在京东的北京上地配送站，20余台配送机器人整齐列阵，随着调度平台命令发出，首批载有"6·18"货物订单的3辆配送机器人依次出发，自动奔向订单配送的目的地。目前，京东已经在北京、上海、天津、广州、贵阳、武汉、西安等20多个国内城市和泰国曼谷、印尼雅加达就配送机器人项目的应用开展布局，共投放了100多台机器人。

（3）服务于老年人和残疾人。自动驾驶汽车已经开始在老年人和残疾人这两个消费群体中有所应用。自动驾驶汽车不仅可增强老年人的移动能力，也能帮助残疾人旅行。

【案例一】▸▸▸

....

腾讯发布 5G 车路协同开源平台

2019年5月22日，在昆明·腾讯数字生态大会——智慧出行分论坛上，腾讯未来网络实验室正式发布5G车路协同开源平台，该平台聚焦于基于边缘计算的车路协同领域，助力5G时代智能网联汽车应用快速落地。目前，腾讯未来网络实验室已经与交通部公路院、城市轨道交通绿色与安全建造技术国家工程实验室，以及英特尔、诺基亚、中国联通、东软等企业达成合作，共同推进5G与出行产业的融合及落地。

腾讯5G车路协同开源平台将连接人、车、路、云，有效解决终端设备普及率低、没有主流软件触达用户、道路设备缺乏有效连接、道路信息碎片化等行业痛点，实现数据和业务流闭环及商业落地，还将大幅提升用户的驾驶安全度。通过一个开放的平台来连接网络和车路协同应用创新，让应用更加高效和快速发展，给客户带来价值。同时欢迎更多产业伙伴加入该平台共同打造车联网应用，实现产业、客户、供应商多方共赢。

腾讯5G车路协同开源平台将支持产业落地中需要使用的多种无线网络协议，对现有系统和设备的兼容性好；打通边缘和中心的管理面和数据面，实现高效边云协同，更好地满足各种车路协同场景的需求，最大化边缘计算和云计算的应用价值；还可以轻松整合第三方能力，高效移植和整合现有应用，实现优势互补，加速端到端解决方案落地，有效减轻客户的投入和工作量。通过整合腾讯C端优势技术能力，帮助应用高效触达终端用户，解决目前车联网应用较难触达C端用户等问题，促进打通2B业务和2C业务与实现数据闭环。为了便于用户使用，平台支持物理机、虚拟机、容器等多种部署方式，有效控制资源占用，实现轻量级部署。

腾讯5G车路协同开源平台实现的应用场景主要包括以下四个。

一是高精度定位。通过开源平台，有效将定位精度从目前的5～10米提升至1米以内，实现车道级定位，有效提升导航精准度，提升用户出行体验。

二是实时路况更新。通过腾讯搭建的边缘计算平台实现高效的路况刷新，让用户更好地掌握实时路况，更高效规划行驶线路。

三是辅助安全驾驶。通过路侧的摄像头感知道路和车辆，并基于部署在边缘计算平台上的人工智能算法，减少甚至消除司机在驾驶过程中，由周边建筑物、天气和车辆带来的驾驶盲区，提示驾驶风险，提高驾驶安全性。

四是规避交通违章。通过智慧出行系统提醒驾驶员及时驶离时间限制区域，避免违章的同时，也助力道路资源的高效运转。

【案例二】▶▶▶

中国首批机器人交警上岗

2019年8月7日，河北省邯郸市公安局举行"邯郸机器人交警"上岗仪式，它们是邯郸同时也是中国道路上第一批上岗的机器人交警，开启了中国人工智能交管的新起点。

此次列装的"邯郸机器人交警"系列有三款：道路巡逻机器人交警、车管咨询机器人交警、事故警戒机器人交警。

道路巡逻机器人交警

道路巡逻机器人交警可以通过一套自动导航系统，自主识别车辆违法行为，并进行抓拍和驱离。主要功能包括：自动巡逻、宣传提示、人车识别、现场驱离、人机互动、自我保护、数据存储、自动充电等功能。该款机器人部署在交通岗可与智能信号机进行联动，具有人脸识别、语言提示功能，还可对闯红灯的非机动和行人进行提醒和抓拍，协助维护交通秩序。如左图所示。

道路巡逻机器人交警

车管咨询机器人交警

车管咨询机器人交警应用场景在车管所，主要功能包括：人脸识别，以此获取前来办事人员的有关信息，通过关联驾驶人信息进行预判式服务；人机互动，通过语音问答或者屏幕文字解答业务咨询，提前解疑释惑或进行相关提醒；引导服务，可对前来办理业务的人员，提示自助终端办理或柜台办理前的相关引导；安保告警，发现有安全隐患、重点嫌疑人或者突发安保事件时，可以自动通知警力支援。如下图所示。

车管咨询机器人交警

事故警戒机器人交警

事故警戒机器人交警可在道路事故处理过程中，及时有效地提醒往来驾驶人，避免二次事故伤害。主要功能和特点：小巧轻便，可折叠，便于车载和人工装卸；机动灵活，交警到达事故现场后，可通过遥控迅速做好远程部署，将机器人行驶到指定位置进行警戒提示预警；具备光电提示预警、语音提醒告知、文字标识告知等多重提示功能。如下图所示。

事故警戒机器人交警

机器人交警以机器人为核心，整合人工智能、云计算、大数据、物联网、多传感器融合、激光导航定位技术等，集成环境感知、动态决策、行为控制和报警装置，具备自主感知、自主行走、自主保护、自主识别等能力，能够实现全天候、全方位、全自主智能运行，协助交警进行违法管控和服务群众。

而此次面世的"邯郸机器人交警"已具备宣传提示、车牌识别、人脸识别、警示驱离、引导服务和自主巡逻等6大特点和功能。

【案例三】▶▶▶

交管云脑"智"理城市交通病

每个开车的人都会有这样的感觉：堵车，到底什么时候是个头？发生刮蹭后，交警怎么还不来？信号灯坏这么久，为啥没人管？ 2019年8月14日，海信集团有限公司（以下简称海信）在合肥举办的2019第十一届中国国际道路交通安全产品博览会上正式推出升级版交管云脑，该系统利用云计算、大数据、人工智能等黑科技赋能交

通管理，可极大提高城市出行效率。

像医生一样把脉城市交通

海信AI自动诊断借助路口智能化设备，采集车流检测数据，从而精准识别拥堵问题。海信交管云脑就像一个专业医生，为城市道路进行把脉、诊断。

与此同时，交管云脑的AI自动诊断还可以发觉时段划分不合理、绿信比分配不均衡等问题，为道路交通优化提供依据。如借助交管云脑技术，在西安市明光路上，汽车正常通行时间由原来的17分06秒缩短到7分钟。据测算，明光路通行的所有车辆，一天下来能节约燃油约13吨。

判断事故后3秒内完成报警

交管云脑一旦判断道路因突发交通事件造成的拥堵，便可在3秒内报警提示，相对于传统的人工接警模式，平均警情发现时间可缩短至少20%，极大地提升了警情快速反应能力。

此外，海信交管云脑可根据历史警情、历史违法与警力执勤情况，生成警力科学部署方案。当发现警情后，利用AI最优派警技术自动调派周边警力，使警员在5分钟内到达警情发生位置，同时联动周边的信号和诱导设备，快速处理突发警情。

一键下发恶劣天气管制方案

海信自主研发的AI信号灯故障检测平台，可接入全市现有的电警、卡口等智能化交通设备，通过抓拍视频或照片获取数据源，并进行智能化分析，精准抓取识别故障信号灯并进行定位。在实战中，该平台可实现90%以上的故障检测准确率，在业内遥遥领先。

此外，交管云脑还可提供基于体育赛事、演唱会等大型活动，以及暴雨、大雪、大雾等恶劣天气场景下的交通预案，一键下发管制方案，迅速实现警力调派，同步自动调整信号方案、诱导等信息发布内容，保障群众的安全出行。

目前，海信智能交通产品和解决方案已经应用于天津、重庆、西安等多个城市，并圆满完成上合峰会、世界VR产业大会等多个国际性盛会的警卫安保工作。

⑩

第十章

人工智能+安防

导言

随着时代和社会科技的进步，在安防特别是在视频监控领域，AI技术的应用让传统的视频数据发挥了更大的价值，并且已经有了成熟的产品和方案，在公安、交通、民用安防等领域都有所应用。

一、人工智能与安防的高度契合

安防行业的两大特性，让人工智能在安防领域拥有广阔的应用空间。

1.安防的数据基础满足人工智能的大数据特性要求

安防行业具有数据信息量大、数据层次非常丰富的特点。所以，以视觉为核心的安防技术领域，在人工智能方面有最完善的基础和最强烈的诉求，这是安防有别于其他行业在人工智能的应用条件上所具备的特点。

2.安防业务的本质诉求与人工智能的技术逻辑高度一致

安防业务的本质诉求是——从事后追查到事中响应，再演化到事前预防。而人工智能的技术逻辑是——收集海量的数据、基于深度学习对数据进行分析，从而做出智能判断。如图10-1所示。

由于和安防有着天然的契合点，

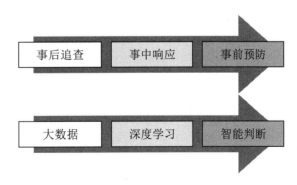

图10-1 安防业务的本质诉求与人工智能的技术逻辑高度一致

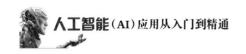

人工智能在最近三四年里正以超乎想象的速度与安防行业相互融合。随着平安城市、智慧城市建设的不断推进，摄像头及高清视频不断普及，安防开始拥有海量的并且层次丰富的数据，而这正是人工智能可以发挥强大作用、实现应用价值的最佳领域。

二、人工智能+安防落地的应用方向

随着AI技术的普及，传统安防已经不能完全满足人们对于安防准确度、广泛程度和效率的需求。

比如，在2017年，安防系统每天产生的海量图像和视频信息造成了严重的信息冗余，识别准确度和效率不够，并且可应用的领域较为局限。

在此基础上，智能安防开始落实到产品需求上。算法、算力、数据作为AI+安防发展的三大要素，在产品落地上主要体现在视频结构化（对视频数据的识别和提取）、生物识别（指纹识别、人脸识别等）技术、物体特征识别系统（车牌识别系统）。如图10-2所示。

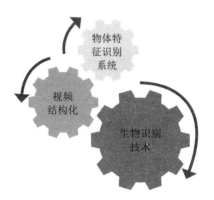

图10-2 人工智能+安防落地应用方向

1.视频结构化

利用计算机视觉和视频监控分析方法对摄像机拍录的图像序列进行自动分析，包括目标检测、目标分割提取、目标识别、目标跟踪，以及对监视场景中目标行为的理解与描述，理解图像内容以及客观场景的含义，从而指导并规划行动。

2.生物识别技术

生物识别技术是利用人体固有的生理特性和行为特征来进行个人身份鉴定的技术。图10-3所示的几种识别方式是目前较广泛的生物识别方式，几种方式的同时使用使得产品在便捷性、安全性和唯一性上都得到了保证。

图 10-3 应用较广泛的生物识别方式

3.物体特征识别系统

物体特征识别系统是判定一组图像数据中是否包含某个特定的物体、图像特征或运动状态，在特定的环境中解决特定目标的识别。目前物体识别能做到的是简单几何图形识别、人体识别、印刷或手写文件识别等，在安防领域较为典型的应用是车牌识别系统，通过外设触发和视频触发两种方式，采集车辆图像，自动识别车牌。

相关链接

人工智能安防业务发展的五大趋势

1.AI加速安防产品推陈出新

对于安防行业而言，人工智能的最大价值在于：视频结构化技术对于"大量视频进行智能分析并实现事前预警"的帮助——这实际上是AI企业为安防行业客户提供的主要服务和盈利点。AI＋安防要解决的将不再是人与人之间、人与车之间的结构联系，而是能自主判断"你是谁"，相信在不久的将来人工智能技术将会取代众多传统的安防技术，而整个安防行业的发展已经到了比拼核心技术的关键节点。

2.安防产品前后端云边融合

在早期IT化的冲击下，安防系统的产品线、产业结构被压缩，具体变化是安防后端系统"云"化，前端产品"端"化。后端系统"云"化使安防淡化了集成的概念，压缩了中间环节，并催生安防运营服务的新业态；前端产品"端"化，使安防前端产品不再是单纯采集数据的设备，而是依据应用场景的不同从"云"端按需下载服务，AI的出现可实现前后端计算资源快速云化整合，可实现基于可视化的全面感知系统、互联互通的视频云平台。

前后端融合虽然不是AI出现带来的变化，但基于AI的应用，云边融合成为AI＋安防行业正在发生的趋势之一。

3.投资/并购热

2008年，全球视频监控领域三大巨头AXIS、BOSCH、SONY宣布合作，安防领域内企业开放、合作呼声渐高。因为AI技术和供应链资源参差不齐的事实客观存在，使传统安防企业和AI公司通过投资/并购的方式来弥补各自短板，向完美结合体演进。尤其AI应用正式落地安防后，需求端对供应商产品技术的更高要求，紧逼传统安防企业升级，投资或收购AI技术公司成为传统安防企业最有效创新升级的方式。

4.渠道建设，急速圈地

除了个别重点城市不同应用场景外，AI+安防企业在实际应用地区重合度还不算太高，在京津地区、长三角、珠三角，三大智能安防产业集群也稍有差异，全国AI+安防的应用普及率很低，还有很多城市当前并没有AI企业进行业务渗透。

当前，传统安防巨头也开始大面积进行AI安防产品落地，基于之前供应资源的搭建，一旦技术成熟就能快速铺开。AI安防产品对数据的需求非常大，依托大量实体运营和数据不断进行机器学习来完成产品升级，而传统安防企业的介入无疑会对AI+安防初创企业造成一定的影响，渠道布局也将成为一场必不可少的恶战。

5.更多推出Tob业务

公安部门属于比较高端的市场，但从历史来看，都是从政府这边去切入，然后成熟之后再往民用方向普及，随着AI成熟度的进一步加强，很多安防产品已经开始逐步下沉到更多细分的民用场景，如社区、学校、工业园区、智能家居等。

受益于安防领域深度学习算法的快速发展，智能安防已经得到了越来越广泛的应用。面对安防视频产品下游的需求，运营服务将有较大的市场空间，这也将成为我国安防产业未来的发展方向。

三、人工智能+安防的警用场景

随着AI技术在安防领域中的大规模应用，基于检测、跟踪、识别三大主流方向，绝大部分安防产品都有落地的使用场景。从目前发展情况来看，智能安防产业发展趋向于两极化：更加偏重于宏观的智慧城市大安防化与更加侧重于微观的民用服务微安防化，较为典型的是公安、司法和监狱的警用场景以及日常贴近生活的民用场景。

在警用层面，对于场景划分可以按照警用需求划分为"点""线""面"和"后台"四个维度的布防，主要特点是利用智能安防产品在识别和分析上的优势，做到预警和管控。如表10-1所示。

表 10-1　AI+ 安防警用领域的应用场景

警用安防类型	应用场景	应用技术
"点"布防	车站、机场、酒店等卡口、出入口、门禁安检等	身份认证，静态人脸识别、指纹识别、虹膜识别等
"线"布防	道路监控，嫌疑人或车辆路径跟踪等	车辆识别、人脸识别，图像识别与处理，目标锁定分析
"面"布防	热点区域，重点场所，人流量大的开放空间	人群与行为特征分析，人脸识别，目标动态和轨迹识别
"后台"布防	案件侦破，案件频发地预警和管控	人脸识别，行为分析，视频结构化，数据挖掘分析

1."点"布防——识别

在关键节点进行身份认证是警用方面较大的需求点，传统的身份验证方法包括证件、钥匙、用户名和密码等身份标识内容，由于借助体外物，一旦标志物或密码被盗或遗忘，其身份就容易被他人冒充或取代，因此AI技术的突破让利用生物特征进行识别成为可能，现阶段利用程度最高的为表10-2所示的四种识别技术，配以高清摄像机和人工监测，可以在出入口控制端减少危险发生。

表 10-2　常见识别技术的优劣势对比

识别技术	优势	劣势
指纹识别	出入口控制最为成熟的识别方式；识别速度快，使用方便且唯一性好；指纹采集设备可以小型化，成本低	指纹特征少难成像；捕捉指纹过程误差无法避免
虹膜识别	最可靠的生物识别技术，人与人之间区别率100%；极其固定的生物特征，变化少；用户与设备间无物理接触	识别条件较为苛刻，需要较好的光源；图像获取设备体积较难缩小；识别成本高
人脸识别	识别特征明显，便于观察；非接触式采集，没有侵犯性；技术突破后可应用领域和设备较为广泛	误差率有待提升；容易引发隐私泄露的恐慌；遮挡、面部外观变化、光线等因素影响明显
语音识别	非接触式识别；辅助识别效果较好	声音变化大，难以精确匹配；欺骗性高，录音设备、变声器等迷惑性大；识别条件要求高，难以单独分离所需声音；容易出现无法识别的情况，用户体验差

目前，生物识别主要的适用场景有安检、检票、楼宇对讲、消费支付等，但在新兴应用领域中安防的落地效果最好。

比如，旷视科技天眼系统、云从科技CloudwalkInside SDK+产品、中科虹霸虹膜识别机、SpeakIn"搏音"声纹综合作战平台、whois非接触式掌纹掌脉识别系统等，各种生物识别技术确保公安部门在确定人员身份方面误差大幅度降低。

2. "线"布防——跟踪搜索

从警用安防流程角度来看，对于人员和车辆的识别、搜索与跟踪是重要的应用场景。AI技术解决了以往大海捞针的劣势，能够迅速确定所需的人员和车辆，继而反馈给相应部门进行针对性的部署。如图10-4、图10-5所示。

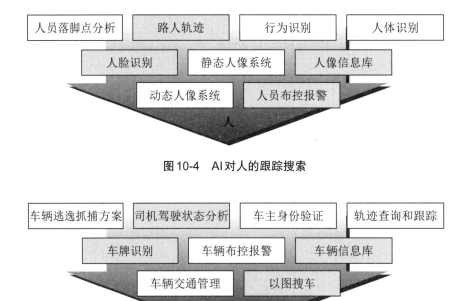

图10-4　AI对人的跟踪搜索

图10-5　AI对车的跟踪搜索

在日常防范中，通过高清摄像机的被动识别，加之后台数据的分析，能够判断人群或车流中的潜在危机，继而提前防范，尽可能减少人员伤亡和财产损失。

3. "面"布防——监控

在相对开放或者涉及人员多、人员身份复杂的场所，如机场、法院和监狱等公安重点关照区域，可以利用视频监控系统、紧急报警系统、出入口控制系统、周界防范系统、智能视频分析系统、机场安防集成联动管理平台等多系统的联动配合，实现实时抓拍人脸、布控报警、属性识别、统计分析、重点人员轨迹还原等功能，并做出及时有效的智能预警。

机场和火车站作为特殊的交通场所，安防工作更重要的是防患于未然，以避免破坏性极大的恐怖袭击事件的发生，以及有效阻止火灾等意外灾难的发生。防盗报警和灾难报警是主要需求，而灾难报警将会是今后机场和车站安防智能化着重解决的问题。

　　AI技术带来的高清视频监控让特定场景的人员可以立即通过网络将图像调取到控制中心来进行分析，而不必派遣人员到现场，也不必中止存储记录和实时监控，此特点在监狱和法庭等重要刑事场合有巨大的使用价值。

4.“后台”布防——智慧大脑

　　虽然将大数据分析技术应用在犯罪治安方面还不是百分之百的准确，经验丰富的警察可能也不见得需要预测性警务技术，但对于新进的警务人员而言，预测性警务技术可以帮助他们及早进入状态，尤其在城市预算吃紧、人力又相对缺乏的情况下，运用大数据显然可以提升城市安防的工作效率。

　　基于现阶段智能安防产品在后端的作用，众多公安部门开始联动后台视频监控系统形成“天网”。而将大数据引入安防后，后台数据集中建模，进一步进行数据优化、机器学习，利用数据创造新的安防价值的城市大脑计划也孕育而生，代表性案例如阿里云“城市数据大脑”。

相关链接 ‹ ···

智能安防将成为5G应用爆发的重要场景

　　近两年随着大数据、AI等前沿技术的成熟，安防作为人工智能重要的落地领域，逐步突破了传统安防的“天花板”，迎来行业发展又一次飞跃。通过深度学习、大数据研判分析，智能安防系统不仅摆脱了以往对人力的过度依赖，同时，通过AI技术的加持，实现了事中迅速响应甚至于事前预警，推动了安全防范由被动向主动、粗放向精细的方向转变。

　　然而，与传统安防行业一直受制于低带宽、低速率的传输系统类似，智能安防时代仍受困于没有得到实质改变的网络传输系统，尤其是目前，在智慧城市建设中，随着海量视频监控数据的不断产生，现有的通信技术无法满足智能安防所需多节点链接、海量视频数据传输的需求。

　　在设定之初，被定义为面向超高速、高可靠、低时延等特性而开展研制的5G技术，恰好能够满足智能安防发展所提出的诉求。5G技术不仅专为移动通信而设定，在5G定义的三大运用情景包含移动宽带增强、海量机器类通信以及低时延通信，这些特性有效解决了视频监控设备在面向应用的过程中通信传输层面的系列问题。

　　可以说未来5G技术所具备的传输峰值超过10Gbit/s的高速传输速率将会有效改善现有视频监控中存在的反应迟钝、监控效果差等问题，能够以更快的速度提供更加高清的监控数据，而更高清的图像则预示着AI技术应用将更加充分。

与此同时，5G所具备的海量机器类通信特性也将促成安防监控范围的进一步扩大，获取到更多维的监控数据，这将能够为智能安防云端决策中心提供更周全、更多维度的参考数据，有利于进一步的分析判断，做出更有效的安全防范措施。

可以肯定的是，伴随着5G的到来，视频监控整个系统将从前端设备、后端处理中心以及显示设备等各个领域得到革新。同时，5G带来的无线特性将进一步拓展智能安防在更多领域的应用。

四、人工智能 + 安防的民用场景

安防作为智慧城市建设的一部分，是人工智能技术天然的应用场，目前智能安防在交通、楼宇、金融、园区、校园、社区、家居等多个领域都有应用场景，民用安防涉及的领域呈现多元化特点。

1.交通领域

在交通领域，随着交通卡口的大规模联网，汇集的海量车辆通行记录信息，对于城市交通管理有着重要的作用，利用人工智能技术，可实时分析城市交通流量，调整红绿灯间隔，缩短车辆等待时间，提升城市道路的通行效率。

城市级的人工智能大脑，实时掌握着城市道路上通行车辆的轨迹信息、停车场的车辆信息以及小区的停车信息，能提前半个小时预测交通流量变化和停车位数量变化，合理调配资源、疏导交通，实现机场、火车站、汽车站、商圈的大规模交通联动调度，提升整个城市的运行效率，为居民的出行畅通提供保障。

2.智能楼宇领域

目前国内智能楼宇主要由图10-6所示的五大系统组成。

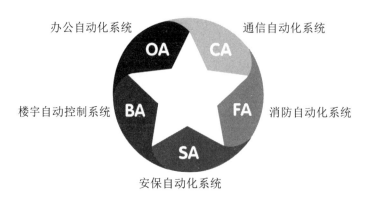

图10-6　智能楼宇的系统组成

图10-6中的安保自动化系统是保障智能楼宇正常运行的关键所在。智能楼宇中的安防设备主要包括前端的网络摄像机和编码器，辅助的报警、门禁和联动系统，以及后端的监控管理平台。

在智能楼宇领域，人工智能是建筑的大脑，综合控制着建筑的安防、能耗，对于进出大厦的人、车、物实现实时的跟踪定位，区分办公人员与外来人员，监控大楼的能源消耗，使得大厦的运行效率最优，延长大厦的使用寿命。

智能楼宇的人工智能核心技术，在于汇总了整个楼宇的监控信息、刷卡记录，室内摄像机能清晰捕捉人员信息，在门禁刷卡时实时比对通行卡信息及刷卡人脸部信息，检测出盗刷卡行为；还能区分工作人员在大楼中的行动轨迹和逗留时间，发现违规探访行为，确保核心区域的安全。

3.金融领域

在金融领域，利用人工智能技术可为金融机构提供有效的风险管控手段，从而促使完善社会诚信，防范犯罪风险，保障金融安全。

（1）人像监控预警技术的应用，可识别网点区域内可疑人员特征，如：是否人脸上有面罩、手持可疑物品、行动速度异常、人员倒地、人员胁迫等，还可以对客户身份进行识别。

（2）人工智能能监督和跟踪员工行为，并判断员工行为是否合规、安全等。如运用图形视频处理技术，实时监控银行柜员在规定动作以外的行为，提醒后台人员进行注意。通过纸文本读取技术，排查所有交易单据，建立关键字提示技术。或者回访客服问答、柜台对话记录，建立风险模型，及时发现可疑交易等。识别并标记视频监控中发现的员工可疑行为录像片段，提示后台人员进行查看；同时，对一线操作人员起到心理震慑作用。

（3）在银行内部核心区域如集中运营中心、机房、保险柜、金库等重要场所可采用人脸门禁提高内部安全控制，通过人脸识别的验证方式，实现银行内部安全管理，有效地防范不法分子的非法入侵，同时进行多人的人脸识别，实现智能识别，达到安全防范的目标。

4.工业园区

工业园区具有空间大、人员分布散、视野死角多、产品价值高等特点，潜在安全危险较大，这决定工业园区势必成为安防应用发展的重要实践场景。如图10-7所示。

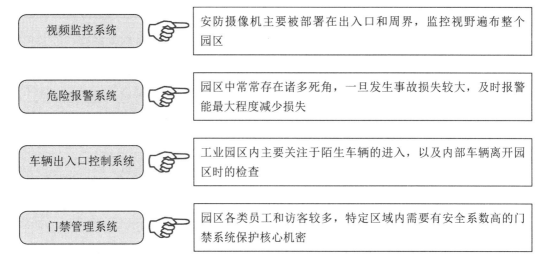

图10-7　人工智能在工业园区的应用场景

安防摄像机在工厂园区内数量虽多，但大部分还是被部署在出入口和周界，对内部边角位置无法涉及，而这些地方恰恰是安全隐患的死角。结合AI技术，可移动巡线机器人在工厂园区中将拥有广泛的应用前景。

当前实际落地运营的可移动巡线机器人如"大眼萌"巡检机器人，设有红外检测系统和摄像设备，可以准确采集收录各种数据，部分机器人可以利用拾音器采集设备运行中发出的声音，经过"大脑"的分析比对，可以发现设备内部异常。

可移动巡线机器人定期巡逻、读取仪表数值、分析潜在风险的特点，可有效地保障工业园区的正常运营。未来随着技术的不断成熟，可移动巡线机器人能够保障全封闭无人工厂的可靠运行，真正推动"工业4.0"的发展。

5.校园领域

在校园安防领域，人工智能是整个校园的大脑，综合控制着校园的安防、能耗，对于进出学校的人、车、物实现实时的跟踪定位，区分在读学生与外来人员。校园运用人工智能核心技术，汇总整个校园的监控信息、刷卡记录，室内摄像机能清晰捕捉人员信息，在门禁刷卡时实时比对通行卡信息及刷卡人脸部信息，检测出盗刷卡行为。与布控库进行匹配，一旦发现有嫌疑人员（如小偷惯犯、在逃人员等）就会立刻报警，提示安保人员前去处理。还能区分外来人员在校园中的运动轨迹和逗留时间，及时发现违规访问等行为，确保校园重点区域的安全。

6.智慧社区

社区是城市的基本空间，是社会互动的重要场所，伴随着人口流动性加大，社区中人、车、物多种信息重叠，数据海量复杂，传统管理方式难以取得高效的社区安防管控，同时，社区管理与民生服务息息相关，不仅在管理上要求技术升级，同时还要实现大数据下的社区服务。

通过在社区监控系统中融入人脸识别、车辆分析、视频结构化算法，实现对有效视频内容的提取，不但可以检测运动目标，同时根据人员属性、车辆属性、人体属性等对多种目标信息进行分类，结合公安系统，分析犯罪嫌疑人线索，为公安办案提供有效的帮助。另外，在智慧社区中通过基于人脸识别的智能门禁等产品也能够精准地进行人员甄别。

通过社区出入口监控、公共区域监控、单元门人脸自助核验门禁等智能前端形成立体化治安防控体系，做到人过留像、车过留牌，不仅对社区安全进行了全方位监控保障，而且采集的数据能够通过实时分析研判，不仅可以实现人、车、房的高效管控，而且能够形成情报资讯，为公安民警、社区群众与物管人员提供帮助，打造平安、便民、智慧的社区管理新模式。

资讯平台

2017年，上海宝山区充分利用视觉感知系统的联网应用，采用了"人脸识别慧眼系统（图像智能分析）"，解决重点人员管控难的问题。目前，全区已有12个街镇（园区）、752个住宅小区、2612条道路有智能高清人脸识别系统接入公共安全视频监控"骨干网"。除公安部门以外，该系统已为信访、司法、法院、禁毒、团委、民政以及城管、市场监管等部门提供信息服务。

试点采用"视频数据结构化分析系统（视频智能分析）"，来解决小区人流、车流、物流的总体分析不系统、数据不准确及机动车管理难的问题。该系统对进出小区的行人、非机动车、机动车等视频图像相关属性进行智能分析，提取关键信息，进行特征识别和轨迹分析，并进行自我学习和数据累计，形成万物识别、建模分析、智慧学习系统。不仅如此，宝山区也采用了"智联门"物联感知系统，解决社区楼道门管理难的问题。

7.智能家居

智能安防产品大面积进入家中，在设备系统设防状态下用于实时监控家中的情况，并及时将感应的异常情况传送至用户手机，达到保护家人和财物安全的目的；用户也可通过手机随时随地查看家里的变化，防止意外事件的发生。具体应用场景如表10-3所示。

表 10-3　AI 在智能家居中的应用场景

应用场景	具体说明
智能门锁	在原先机械锁的基础上改进，加入智能平台理念，连接手机进行实时监控，在用户安全性、识别、管理性方面更加智能化、简便化
家庭安防摄像机	（1）检测到家庭中没有人员时，可自动进入布防模式，有异常时，给予闯入人员声音警告，并远程通知家庭主人 （2）家庭成员回家后自动撤防，保护用户隐私 （3）自学习掌握家庭成员的作息规律，在主人休息时启动布防，确保夜间安全 （4）具有人体移动侦测报警、双向语音、多用户分享、红外夜视、高清回放等功能
智能插座	节约用电量，大部分有防雷击、防短路、防过载、防漏电的功能，保护人身安全
智能开关	根据环境和人的情况自动开关，对相关室内产品能够集中、多点、定点控制
门窗磁感应器	防护门、窗等入侵通道
漏水探测器	如果水龙头忘记关掉或水管爆裂，只要房间地板水位没过放在地板上探测器的四根铜柱，探测器就会立即给报警主机发出信号，由报警主机自动拨打告警电话或在现场鸣响报警
无线紧急按钮	配合智能家居系统的主控设备，实现家居在紧急情况下发出紧急报警信号，以便第一时间做出防护措施
烟雾感应器、燃气泄漏探测器	在烟雾或可燃气达到一定浓度时就会发出报警，或者自动切断电源，避免火灾发生
红外入侵探测器	采用主动红外方式，以达到安保报警功能

微视角

除了以上提及的民用智能安防的应用场景，随着各产业对于安防需求的提升，智能安防在医疗、零售、能源等几大方向有了相应的落地场景。

【案例一】▶▶▶

··

人脸识别助力警方抓捕逃犯

人脸识别是指从视频监控系统中实时获取视频图像与特定目标人群（黑名单或白

名单）的人脸数据库比对，其应用特点是可以对被识别者在中远距离进行隐蔽操作，画面中的人员处于非配合状态，且要求系统做出实时快速响应。这类系统主要应用在安防、情报、反恐、社会治安领域，就比如大明星的演唱会，人数自然不会少，基本是人山人海、浩浩荡荡，但为何警方可以屡次从密集的人群当中揪出正在逃亡的犯人？这一切都归功于人脸识别。

人脸识别给公安部门更加精确快速地抓捕提供了有力的保障，让他们能够更快地找到逃亡的犯人，维护社会治安。

通过人脸识别，公安部门可以在密集的人流当中识别出逃犯的特征，利用面部识别技术，进一步通过数字图像来侦查出人群中的特定目标。张学友演唱会上面的那些逃犯，其实也是通过这种技术被捉出来的。人脸识别包括了很多不同的工作内容，包括对外表的区别，以及性别、年龄、身份等。我们还可以让它具备自主学习的功能，这样一来，它就可以应对更多复杂的识别场所。

背负人命，在全国各地潜逃了17年，不曾想在重庆警方"人脸识别"警务系统摄像镜头下刚一露脸，就被系统自动识别报警！2019年7月底，重庆九龙坡区公安民警根据辖区"人脸识别"警务系统报警提示，成功将涉嫌抢劫杀人后潜逃17年的董某成功抓获。

2019年8月3日16时38分许，贵州省荔波县小七孔景区治安派出所民警接到县公安局的红色预警指令，荔波县辖区内有一刑拘在逃人员，在城区追查未果，分析该网逃人员极有可能进入景区游玩。接到指令后，景区治安派出所民警高度重视，依托景区人脸识别系统进行查找，经过3分钟的分析研判查找，锁定了一名游客与网逃人员十分相似，并迅速展开了抓捕工作。

2019年7月15日，江苏省南通市公安局110系统自动报警，一名涉黑犯罪网上逃犯出现在市政务中心，南通市公安局迅速启动应急预案，将犯罪嫌疑人成功抓获。近年来，南通市公安局大力推进智慧警务建设，打造公安智慧大脑，助力追逃工作"转型升级"。大数据和共享资源的深度研判，实现了抓捕的精确制导，既节约了警力，又提高了追逃效率。目前，南通警方抓获各类逃犯674名，其中通过智慧警务，运用了人像识别、动态布控、大数据研判，一共抓获187名逃犯。

……

人脸识别技术对公安民警侦查效率的提升是颠覆性的，相比传统耗时费力的视频侦查分析工作，借助人脸识别技术可以在秒级时间内锁定犯罪嫌疑人的历史轨迹，通过系统的告警推送功能可实现24小时的实时在线监测，一旦发现可疑目标，系统将同时推送相关信息至案件负责人员的手机端，民警办案条件和警力资源得到了极大的优化，工作效率得到了极大的提升。

【案例二】▶▶▶

<h1 style="text-align:center">人工智能助力打造智慧社区</h1>

2019年7月23日，由重庆市住房和城乡建设委员会、合川区人民政府主办，合川区住房和城乡建设委员会、重庆市建设技术发展中心等单位共同承办的"重庆市智慧小区建设工作现场观摩会"在重庆市合川区鎏金香榭小区顺利举行。

海康威视协同鎏金香榭将AI应用在治安安全、环境管理、设备设施以及各种服务场景中，为业主打造一个五星级的家。

人脸识别进小区、智能巡防识别不法分子、电梯热成像吸烟检测、消防通道占用提示、重点区域关注、员工离岗监测等，海康威视通过这些AI智能应用的实现加强了小区物业的管理，为业主的安全生活筑建起一道坚固的堡垒。

其智能解决方案如下。

1.人行出入口

人行出入口支持人脸识别、二维码、密码、刷卡等多种开门方式。同时与消防系统联动，当发生紧急情况时，单元楼门禁门锁能自动打开，保障业主和访客能快速、便捷地进出小区并阻挡外来人员，确保小区安全。如下图所示。

人行出入口

2.警戒摄像机

鎏金香榭智慧小区在周界、车库出入口等多处位置布设海康威视智能警戒摄像机，实现跨线、跨区域入侵的人体/车体精准分类报警、抓拍，出现报警时摄像机自带声光警戒，实时警示，对闯入人员进行有效震慑。如下图所示。

小区警戒摄像机

3.电梯热成像吸烟监测

在电梯内布设热成像双目半球摄像机，一旦检测出吸烟情况，报警信息联动语音扬声器，进行语音提示和劝阻。

4.消防通道占用检测

通过在消防通道布设警戒摄像机，对占用或堵塞消防通道的车辆实时报警，保护小区消防安全。

5.重点区域关注

通过AI视频行为分析技术，对监控区域内的人员进行统计分析，并对偶发性的人员聚集事件进行侦测报警。

6.员工离岗监测

通过AI视频行为分析技术，分析岗位人员的在岗情况，人员离岗即时报警。

【案例三】▶▶▶

国内首个城市级社区智能安防指挥中心上线

2018年11月28日，国内首个城市级社区智能安防指挥中心——"城市e控中心"在长沙万科魅力之城上线，同城14个楼盘项目的安防信息通过"社区本地＋城市级中心"实时监控的方式，为小区住户们带来了24小时"远程＋实地"双重守护的居家安全新体验。

开启智能生活新时代

场景一：

上午11点，从超市采购完返家的李女士来到了小区门口，在保安岗亭旁的人脸识别机前停下了脚步。只见她将脸部对准仪器镜头的方向，短暂地停留了约1秒，机器便快速地显示出"验证通过"，门禁系统随即自动开启，李女士从容地步入到了小区内。

如何快速地识别出小区业主与外来人员，将不安全的因素第一时间阻隔在住宅小区以外，人脸识别技术显得格外重要。这一整套安保系统不仅仅能与长沙万科的"城市e控中心"后台相连接，未来，还可以将画面实时传输到公安部门的天网系统，一旦有公安系统管控的人员进入小区，安保人员便会及时得到示警。

据了解，这一套系统的人脸准确识别率达到95%以上。应用人脸智能检测技术，针对不一样群体采用不同管控办法，社区出入安全因此得到了大大提升。针对用户群体，万科还尝试了应用人脸门禁替代原来的刷卡门禁，真正实现了社区通行"一脸通"，在保障安全的同时提升便利，使住户操作无感，却处处有安全感。

场景二：

夜晚10点，小区围墙边有黑影一闪而过，路经此处的值班保安随即警觉地与e控中心值守人员取得联系；而在e控中心的大屏上，小区周界关键位置布防的红外线热成像正一刻不停地将监控到的实时画面传输过来，自动报警系统并未响起，原来这只是虚惊一场，突破防爬刺越过围墙的是一只大胆的野猫。

有调查研究显示，在小区发生的盗窃案中，64%的盗窃分子是通过翻越周界进入社区，30%通过尾随，6%通过乔装等其他方式进入。"墙+门"的360° 24小时严防，便能较好地解决盗窃问题。

当前，各城市小区周界的物技防措施其实很多，但电子围栏、红外对射等误报概率较高，安全人员处理误报疲于奔命，浪费了大量的时间精力。而摄像机则可以精准识别人员翻越，配合超脑服务器，可以滤除99%的误报信息，使安全管理者能有的放矢地进行处理。

场景三：

下午3点，一位行动缓慢的老人家提着一壶油、一袋米走回家，经过岗亭时，他吃力的身影被清晰地传送到5千米之外的"城市e控中心"的大屏上，负责画面监控的工作人员立即呼叫老人所在小区的物业前来帮忙，将老人贴心地送回了家。

用智能设备代替人工，实现远程"城市e控中心"和实地项目的双重监控；远程e控中心与项目一线员工之间还可以进行"点对点"直通呼叫，省去班长、一线负责人、项目经理等中间岗位环节，大大提升应急效率，不仅可以确保安全万无一失，还可以让业主体验到更多人性化的贴心服务。

追求极致安全体验

出入安全，居住安心，从来都是最基本的人居需求，随着时代的演进，其内涵也变得越来越丰富。在万物互联、大数据运用、人工智能技术快速发展的今天，当安防建设开始从"传统"向"技防"转型，高起点规划、强有力的资源整合便成了当务之急。

除了"墙＋门"的安全管理，长沙万科的此次"城市e控中心"上线也实现了小区消防安全工作的系统升维。

对水泵房，应用传感器远程监控设备运行状态；对消控主机，应用远程通信设备将电信号转化成数字信号统一管理。对夜间建筑物内着火难以发现的问题，尝试用红外热成像设备探测着火点的方式来解决……迎合万物联网的趋势，万科探索了消防远程管理。

运用大数据科学升级安防管理体系

长沙"城市e控中心"此次升级改造的亮点还在于建立起了一个城市级别的网络监控应急指挥中心。从技术应用层面上来讲，万科实现了视频监控系统的二次升级大数据管理，所谓"二次"是指不仅在传统意义上监控社区的实时画面，同时也监控社区岗位人员的工作状态；所谓"升级大数据"即是将监控管理的颗粒度由社区拓展到城市，以长沙为例，可以通俗地理解为由1个项目拓展到10个甚至100个项目，由200个监控画面拓展到2000个监控画面。

不仅如此，万科还为e控中心提供了足够多的接口，人脸识别系统应用、周界预防报警、消防监控系统以及后续开发的家居户内报警、烟感探测器告警等，都将在这里实现集中一体化的统筹指挥与展现呈现。

第十一章
人工智能+零售

零售业是与我们的日常生活联系最为密切的行业之一，也当然是人工智能的最佳用武之地。不管是线上还是线下，不管是电子商务零售还是实体店零售，在整个"人货场"场景中，以深度学习为代表的人工智能技术都能带来颠覆性的变革。

一、人工智能与零售的结合

随着居民消费日益攀升，消费需求越来越多样化，对商品和消费的匹配度提出更高要求。消费人群、消费需求以及消费方式等的变化，重构了整个零售业态。而云计算、大数据、物联网以及人工智能等技术的发展同样催生新零售时代的到来。

1.人工智能成新零售"芯"动力

新零售主动对接智能化升级热潮，将推动传统零售行业加速变革。AI技术能将顾客、购物、商品销量排行、消费场景等数据结构化，提高生产经营的效率，满足不同消费群体的购物需求，让消费者获得更有品质和个性化的服务。

新零售除了会改变零售业的形态外，还给AI技术创造了一个前所未有的落地场景。如今，从电商平台阿里、京东，到餐饮巨头星巴克，以及二手车平台瓜子二手车等各个领域都在积极拥抱新零售，无人超市、盒马鲜生、智慧门店等新零售物种喷薄而出，在其中，AI技术扮演了不可或缺的角色。

 资讯平台

2016年11月国务院办公厅印发《关于推动实体零售创新转型的意见》，对实体零

售企业加快结构调整、创新发展方式、实现跨界融合、不断提升商品和服务的供给能力及效率作出部署。

政策和市场的双轮驱动，令"新零售"持续升温。传统零售企业纷纷布局新业态的同时，电商和互联网巨头们也开始转战新领域。

依托人工智能等领先技术，2017年阿里巴巴旗下的无人超市和无人4S店相继亮相。同一年，百度与雨诺股份深度合作的"智慧药房"也开始在先声再康连锁药房率先落地。

除了加快自身布局外，一些行业巨头也开始着手利用技术研发优势，为更多零售企业"赋能"。

2018年11月，在上海举行的"百度大脑行业创新论坛·智慧零售专场"上，百度发布了面向线下门店、商超、大型购物中心等各类零售场景的智慧零售解决方案。

借助人脸识别、人体分析、定制化训练和服务平台、大数据分析等AI技术能力，这一方案从门店管理和互动营销两大方向入手，为零售企业重塑销量预测、客流分析、无人超市及自动售货机、互动屏幕及精准广告、导购服务、会员识别等细分领域的服务模式。

智慧零售解决方案不仅可以帮助商家解决选址、进货、销售等诸多难题，还可以通过一系列智能预测，将业务数据转化为业务价值，加速推动智慧零售新业态的落地，加大新技术创新成果的转化。

2.人工智能打造无界零售新体验

互联网时代，碎片化的消费行为令传统的零售方式难以为继。而基于数据分析，综合使用各个维度来源的数据，人工智能在零售场景中可以实现营销预测并辅助决策。

如今，智能货仓、无人快递车、精准营销等都是人工智能与新零售结合的产物。其中，人工智能（AI）技术是连通线上、线下场景的桥梁，可以跨越在线电商与实体门店的鸿沟，实现线上、线下数据互补，打造全新的购物体验。如图11-1所示。

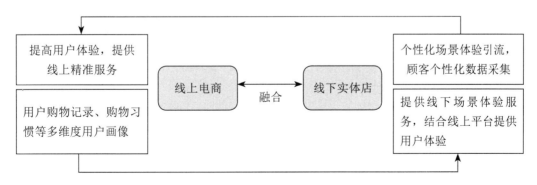

图11-1　人工智能是线上线下融合的桥梁

二、人工智能升级新零售

为了推动传统零售行业的加速变革，促进新零售产业的茁壮成长，势必要加强对消费者数据的分析、应用，并主动对接智能化升级热潮。因此，人工智能与新零售的融合日渐深入，无人超市、人工智能客服、自动驾驶配送车辆等陆续面世。

1.无人超市

在我国很多城市，无人超市已经落地生根，分布在一些热门商圈或是商业广场周围。与传统超市相比，无人超市无需配置理货、收银等人员，在人力成本投入方面几乎为零，而消费者也只需要利用移动支付方式进行支付，甚至是即拿即走，可谓十分便利。

便利的背后是科技力量的支撑。无人超市采用了多种识别技术，包括人脸识别等生物识别技术以及机器识别等智能识别技术，如图11-2所示。

 人脸识别等生物识别技术既可以为无人超市提供安全保障，也可以成为新的支付方式

 无人超市内的商品都有条形码或者RFID标签，能够为消费者提供便捷的结算体验

图11-2　无人超市采用的多种识别技术

人工智能技术除了体现在识别方面，还应用于无人超市的运营数据采集、分析方面。通过借助人工智能技术分析用户数据，能够及时、快速地了解商品的销售情况以及顾客喜好，从而提升采购精准度，提升实际运营利润，并为消费者提供更好的消费服务。

2.人工智能客服

由于客服工作强度大、工作内容单调乏味，使得很多客服人员容易产生消极情绪，岗位流动性较大，招聘管理有一定难度，客户体验也始终存在局限。随着人工智能技术的逐步成熟，这些困境将迎来破解。

客服是连接企业与客户的重要窗口，人工智能客服的应用愈发受到企业的重视与欢迎，很多新零售企业更是将人工智能客服作为重点技术升级与引入项目，希望借此降低成本投入，提升服务效率与效果，为客户带来新的体验。

　　2018年7月，谷歌推出了一款名为"Contact Center AI（人工智能客服中心）"的产品，集虚拟助理、智能信息发掘和情感分析等功能于一身，以帮助客服人员更有效地解决问题，提升用户体验。这款产品的任务不仅仅是替人类接电话，根据用户的需求完成与用户之间的多轮对话并根据用户的指令完成任务，更重要的是，它还能辅佐人类更好地接电话，当用户指令超出AI处理范围转接至人工客服时，它负责为人工客服提供相关信息以供参考，确保为用户提供最佳解决方案。

　　在国内客服市场上，智能客服的使用率仅为31.5%，仍处于起步阶段。目前，百度、阿里、腾讯、京东等互联网公司已经纷纷布局智能客服领域，智能客服未来可期。

3.自动驾驶配送车辆

　　目前，作为人工智能主要的细分领域，自动驾驶已经成为汽车领域的主流发展趋势，而客运与货运则成为备受瞩目的两大应用场景。

　　目前，京东、阿里等互联网巨头，已经开始大力投入自动驾驶配送车辆的研发、测试，并且推出了试运营产品。

　　比如，2018年京东相继在一些高校、小区部署自动驾驶配送车，尝试用无人车代替快递小哥来配送包裹；另外，外卖巨头美团也开发了类似产品，用来配送外卖。

　　据业内人士预计，近几年内将有更多的自动驾驶配送车辆投入应用，而办公园区、高校等区域是主要投放市场。

微视角

　　除了配送车辆外，自动驾驶技术在物流车辆领域的应用也逐步展开，一旦配送、运输两大环节均实现自动驾驶，那么智慧物流体系的建设将迎来新的篇章，同时新零售生态链也将更为完善。

三、人工智能重构商业三要素

　　新零售使零售业通过数字技术，围绕消费者需求，重构人、货、场，最终实现以消费者体验为中心，创造高效企业，带动消费升级。通过人工智能重构和驱动新零售的

"人、货、场"已是大势所趋。

1.人的维度——智能推荐

个性化、定制化的推荐服务在零售行业能很好地提升顾客体验，随着消费的不断升级，品质消费、个性化消费也开始日渐崛起，越来越多的零售企业开始推出私人定制的服务：服装店可以根据尺寸定制服装，食品店可根据口味定制蛋糕等。

近几年，网络虚拟试衣技术的发展相当迅速，虚拟试衣的难点在于既要对消费者的体型建模，又要对服装建模，对两者进行匹配，展示穿着效果。首先，消费者体型数据的采集大多依赖用户输入的测量数据，缺点是测量和填写的步骤比较烦琐，而且不完全精准。

相对的，此类数据收集问题在实体门店更加容易解决，比如苏宁推出的虚拟试衣镜系统。在实体门店中，试衣镜安装的角度是固定的，用户和镜子之间的距离可以通过引导探测，做到较为精确的建模。

在未来，试衣镜可能是线上、线下的链接点，在实体门店线下采集用户的体型数据建模后，便可以真实可靠地实现线上和线下的虚拟试衣。虚拟试衣镜能智能匹配许多套不同的搭配，这些款式既可以是店铺陈列的，也可以是从厂家订制的。试衣下单后，商家可以直接安排调货，寄送到指定的地点。

此外，线下实体店还可以创造店内互动体验，让线下购物更高效、更有趣、更个性化。相对于传统购物体验，有人工智能助力的购物更像是一种线下的生活方式，这对零售业生态提出了新的要求，也带来了巨大的变化。

2.货的维度——智能货架管理

在零售终端的智能化管理领域，虽然消费者的支付方式发生了快速的迭代，从钞票支付到卡支付，再到移动支付，但店铺的货架管理手段却还停留在比较原始的阶段。其实，实体店的货品摆放可以通过人工智能实现更有效的终端管理。

对于厂商而言，产品在各个超市的货架摆放情况、是否及时补货、销售情况及关联因素、相应调整措施等信息都要通过人工巡查获得。这种方式的缺陷很明显，信息收集和反馈的时间过长，并且监测数据不一定全面。

新一代零售业的发展方向必将是货架管理的智能化，有效提升用户体验。

比如，通过摄像头的人脸识别功能，可以在顾客进店时进行新老客户的身份识别，对老客户可以根据购物历史及周期习惯推荐购物路线，对新客户可以制作客户画像，精准营销；客户进店后，摄像头可以记录客户的行进轨迹，优化货架摆放设置。此外，还可以使用压力传感器监测商品被拿起、放下的情况以及存货数量，对货架进行自动化的实时监测管理。

这对于零售管理的意义重大，将会真正实现从决策到销售的全流程贯通管理。

比如，当缺货或者货品信息展示不合规时，可以实时发出警示；同时，对用户的挑选、购物行为可以有大量的数据积累，从而可以结合人工智能技术进行本地化展陈优化。

3.场的维度——智能物流管理

如今，零售行业不断发展，数字化的商品信息、高效的仓储和物流，从产品的生产到配送，正形成一个完整的智能化零售业态。国内外的电商巨头都已经开始部署智能供应链，自动预测、采购、补货、分仓，根据实时情况调整库存精准发货，从而对海量商品库存进行自动化、精准化管理。

具体来说，目前可以看到的智能供应链应用场景主要如图11-3所示。

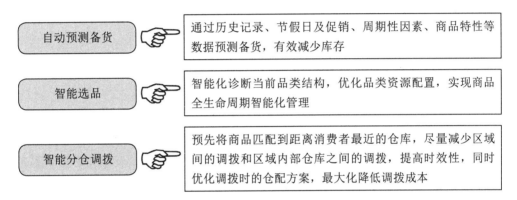

图11-3 智能供应链主要应用场景

近年来，无人驾驶技术的研发得到了众多企业的重视，在商业化应用中不断成熟，包括无人重卡、快递机器人、快递无人机等，在物流运输、无人配送方面，构成一个完整的智慧物流配送体系。其中，无人重卡是连接区域物流中心的桥梁，快递机器人为最后一公里配送构建基础，快递无人机则全方位、无死角地保证这一公里的配送。越来越多的无人智能化设备被应用到具体场景，每个智能化的场景应用连成一体，构成智慧零售的关键一环。

 相关链接 ‹···

人工智能+新零售与传统零售的区别

对于零售而言，人、货、场是关键的要素，那么从商业模式上看，传统零售行为发生参与方主要包括三个——生产商（包括多层级的经销商）、零售商、消费者，其

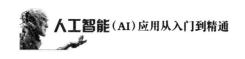

商业模式如下图所示。

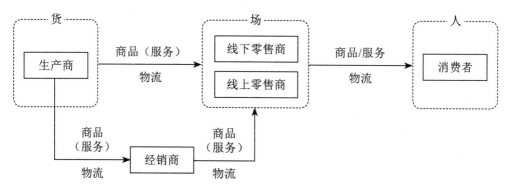

传统零售商业模式

上图中的零售商是商品的交换场所，其本质作用是商品和资金的流转，通过物流和现金流链接供需双方，而信息流难以在其中发挥应有的作用，从传统的零售业中不难发现以下一些问题。

（1）对于生产商、经销商和零售商而言，由于需求的不确定性，零售商经常出现高库存的现象，由此导致成本高、资金压力过大；由于需求和库存的不匹配，商品的流通慢导致了资金流量小、账期长，制约了生产商、经销商和零售商的发展。

（2）对于消费者和零售商而言，由于货物和需求的不匹配，商品挑选的时间精力成本大，会降低商品的销售量；而在消费阶段，延期支付和现金短缺经常会出现资金需求。

那么，针对问题集中的生产商、经销商和消费者，新零售是如何打破原有的牢笼的呢？我们依旧可以从商业模式的角度来进行拆解，如下图所示。

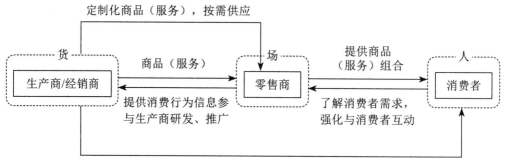

新零售商业模式

上图是基于技术升级，打通线上与线下渠道，重构"人、货、场"而形成的新零售模式。在这样的情况之下，围绕消费者的各类数据产生的变革恰好解决了相关的问题，在新零售的商业图谱中，零售商不仅仅是单一的商品和资金流转的媒介，同时也成了信息搜集分析的中心，通过在店内获得消费者喜好及需求、店铺选品等一手信息，更新迭代店铺内的布局，提升坪效。

同时，反馈至生产商，为生产商的研发和推广提供关键信息，生产商可以直接向消费者提供个性化的商品推荐，也可以为零售商供应最佳的商品（高流通率、高价低占地等），降低其库存并提升坪效，实现三方的共赢。

零售商作为零售活动服务者，对于消费者而言，零售商通过了解消费者需求，强化与消费者互动，为消费者提供多样化的商品与服务；对于生产商而言，零售商通过自身消费数据积累，为生产商提供了消费者行为数据与营销、研发活动。

从这也可以看出，零售商不再仅仅是商品的交换场所，淡化了其渠道作用，更像是供应商前置的服务平台。

四、人工智能在零售业的应用场景

AI技术在新零售行业的应用主要体现在智慧门店、智能买手、智能仓储与物流、智能营销与体验、智能客服等各环节场景中。在具体应用中，AI能通过视觉模块、AI大数据分析等实现图像识别、动作语义识别和人脸识别技术的最终集合与升级，从而为传统零售业态插上智慧的翅膀。

1.用户画像、消费行为分析

通过在线下零售场景中布局摄像头等智能传感装置，帮助商家获取全息的消费者画像，如性别、年龄、身高、体重、种族、衣着等属性分析；以及基于人群的客流分析，如精确的门店客流、区域人数（热度）、收银台排队时长、橱窗展柜客户浏览量、试衣间使用次数等。同时，智能摄像头也能捕捉并识别出顾客的消费行为及手势，如坐凳试鞋、触摸商品等。

微视角

有了准确、可靠的用户画像，零售商家便可以清晰地掌握现有和潜在的顾客特征，并根据这些特征为需求不同的用户实现个性化推荐，如优惠券、打折信息的推送或差别商品的推荐。

2.会员识别、管理、社群运营

商家可以通过线上平台建立会员注册系统，或通过智能采集终端为线下顾客进行身份信息登记和会员权限设置，当会员进行消费或二次到店的时候，智能零售系统便能快速地识别出来并提醒商家。

同样，基于用户识别的智能互联会员体系，商家也可以建立以用户数据为中心的用户社群和智能商圈，让用户对社群逐渐产生认同感和依赖感，从而激活市场活力，增加用户黏性。

3.精准营销

对于线上场景，如网上商城，通过埋点获取每个用户的页面浏览数据，根据这些数据，可以统计用户从哪里进入页面，中间如何跳转并查看了哪些页面，每个页面停留的时间及行为：如浏览、点击或收藏，最后在哪个页面结束。基于此类数据可进行浏览轨迹分析，计算网站关键路径的转化率，以了解整个网站设计的合理性、优化空间等，为优化页面设计提供基础，提升线上精准营销的效果。

4.智能停车和找车

停车场是购物中心的重要用户入口，也是用户需求的最痛点之一。目前已经有越来越多的购物中心开始布局智能停车模块，帮助用户解决"快速停车及找车"的痛点。

比如，阿里巴巴推出的喵街APP中就包含智能停车及找车模块，已经应用于几十家购物中心。

5.室内定位及营销

在用户购物及浏览过程中快速根据用户需求、物品位置实现精准匹配，是用户体验的核心环节。

比如，北京大悦城等商场已经实现了室内导航及定位营销，iBeacon 的技术解决方案颇受青睐，其基本原理是：配备有低功耗蓝牙（BLE）通信功能的设备或基站使用 BLE技术向周围发送自己特有的ID，而接收到该ID的应用软件（如水滴）就会根据该ID进行反应。

6.客流统计

基于视觉设备、处理系统以及遍布店内的传感器，可以实时统计客流、输出特定人群预警、定向营销及服务建议（例如VIP用户服务）以及用户行为及消费分析报告。

比如，图普科技利用自身在计算机视觉技术的领先优势开发客流统计解决方案，通过对中心内消费者年龄、性别、着装风格等特征的洞察，加上在商城内部聚集热区的分析，为天佑城的活动策划和招商部门提供客观数据佐证。

7.智能穿衣镜

智能穿衣镜内置处理器和摄像头，能够动态识别用户的手势动作、面部特征及背景信息。不同于普通穿衣镜，智能穿衣镜可以为用户提供个性化的定制服务，增加用户实际购物体验。镜子提供的视频内容还可以帮助零售商对商场内行为进行评估和分析。智能虚拟穿衣镜已经在Lily、马克华菲等诸多品牌门店中部署。

8.机器人导购

在实体购物刚刚进店时，有的导购会先上下打量顾客的全身穿着打扮，然后再决定用何种态度来服务顾客，这让人非常尴尬和不悦。除了有色眼镜之外，服务态度不好也是顾客容易吐槽的点。

不过以上痛点在机器人导购身上就不会发生。机器人可以让每一位顾客享受到公平而温暖的服务，不受情绪的影响，不受顾客穿着的影响。除此之外，机器人还足够智能化，除了导购外，还提供可视化指路、多媒体问询、推送店家优惠等服务。如图11-4所示。

图11-4 机器人导购

9.自助支付

随着手机支付的普及，自助支付也将成为线下零售店的标配。自助收银机一般提供屏幕视频、文字、语音三种指引方式，使用门槛低，每6台自助收银机只需配1名收银

员。除了银行卡、微信、支付宝等多样化支付方式接入外，刷脸支付等技术的支付手段也将逐渐引入，比如国内阿里的刷脸支付尝试。

10. 智能购物车

在超市领域，购物车作为最常见的硬件载体，将有较大机会首先进行智能化变革。在零售方面的智能化创新包括：将生物识别技术与摄像头系统进行结合，从而可以提供人流量统计和人脸识别服务，零售商可以利用智能手机下载的这些信息进行分析，并向顾客提供个性化的销售。

11. 电子价签

电子价签可以为商品代言，显示出商品的内容和故事。从"人、货、场"角度来说，体现在"人"上的关系是，电子价签能够与人互动，通过页面显示出更友好的信息。电子价签可以快速自动变价，提升效率的同时也能节约成本，能够实时和库存互通，降低损耗率。对于"场"来说，把线上线下的场景融合在一起，形成统一的价格体系，如果没有电子价签这个桥梁是实现不了的。人、货、场中的"场"是根据消费者的变化随时转换的，电子价签的出现，把各类场串联起来，更加灵活地配合场的联动，也更及时地满足经营者、消费者的需求。

微视角

电子价签可以实现自动变价，顾客可通过电子价签二维码进行实时互动，也可通过电子价签自助结算，商家可通过电子价签实时查看库存管理等。

12. 库存盘点机器人

美国《华尔街日报》曾盘点最可能被机器人取代的十大工作，其中仓库管理员荣登榜首。

比如，德国公司 MetraLabs 在 2015 年推出和部署了带有 RFID 功能的机器人 Tory，为德国服装零售商 AdlerModemarkte 提供库存盘点服务。Tory 机器人通过传感器进行导航，边走边读取商品上附着的 RFID 标签。

13. 智能客服

电商领域，智能客服起着非常重要的作用，它能帮助人工客服提高解决问题的效率，能"以一抵千"。过去，智能客服的角色是非常单一的，仅支持文字回复，而如今的智能客服具备自然的语言处理能力和深度的学习技术，它可以根据客户信息进行定制化的产品推荐，并提供订单修改、退货、退款等服务。

【案例一】▶▶

国内机场首家无人便利店正式开业

2018年10月31日，国内机场首家无人便利店——"云拿无感支付人工智能便利店"虹桥机场店盛大开业。如下图所示。

云拿无人便利店设两个入口、一个出口，店内所售商品与普通便利店无异。特殊的是，消费者在这里无需排队结账，即拿即走。这是怎么做到的？

便利店通过在天花板和货架上安装摄像头来识别商品、捕捉消费者动作。目前，各无人便利店主要通过以下三种技术识别商品。

一是条形码，需要消费者自己扫描商品条形码进行付款。

二是RFID（射频识别）技术，这要求商家在每个商品上贴上RFID标签。

三是计算机视觉技术，主要应用于视觉结算台和智能冰柜等产品。

有了这些识别技术，消费者只需在进店前打开小程序，开通免密支付，扫码进店，离店后手机便会收到扣款短信。这种即拿即走的方式不仅降低了店铺的人力成本，也令那些被解放的人力可以有更多时间为消费者提供更优质的服务。

除了降低成本外，新技术还应用于采集和分析用户数据上。云拿科技相关负责人表示，分析用户数据，有利于降低便利店货损率，提高进货精准性，提高用户体验。目前，云拿在上海虹桥机场开设的无人便利店最多可同时容纳至少20人左右，结账速度在8～10秒钟内完成，准确率为99.9%。

【案例二】▶▶▶

沃尔玛引进扫描货架机器人

2018年，沃尔玛已经在加利福尼亚的一些商店启用了货架机器人。货架机器人每90秒扫描完一次货架，比人类的工作效率高出50%。如下图所示。

扫描货架机器人

这些机器人与自动驾驶汽车非常相似。机器人使用激光雷达、传感器和其他摄像机来捕捉画面。这些系统通常用于自动驾驶车辆，以帮助它们"看清"周围环境并更精确地导航物体。

货架机器人6英尺高，带有一个信号发射塔，塔上装有摄像头，可以扫描过道、检查库存并识别丢失和错放的物品、标错的价格与标签。机器人将这些数据传给商店员工，他们会根据数据给货架补货或者修正错误。

机器人能够以每秒7.9英寸（大约0.2米/秒）的速度行进，每90秒扫描完一次货架，比人类的效率高出50%，可以更准确地扫描货架，而且速度提高三倍。

对于零售商来说，商品缺货是个大问题，因为顾客在商店货架上找不到产品的时候也意味着他们错过了销售的时机。商店员工每周只有两次扫描货架的时间，但是自动机器人能够每90秒扫描完一次货架。

【案例三】▶▶

银泰的数据智能营销战略

自阿里巴巴宣布私有化银泰商业后，银泰百货就开始引领百货业的新零售探索。如今，银泰百货已经成为一个非常重要的新零售样本。

数据智能的核心是通过采集大量真实的商业场景数据，并进行大数据分析、挖掘与决策。这其中人工智能技术弥补了线下数据的空白，零售实体店的用户、产品、服务、供应链、管理等信息都可以数据化、智能化，与线上数据融合，在人工智能技术助力下产生新的价值。

银泰in77在一个试点区域的出入口、中堂、边店安装具有AI功能的摄像头，通过人脸抓拍，可以精准地统计客流量以及顾客在各个区域停留的时间和运动轨迹，作为发现问题及决策的依据。作为购物中心，顾客停留时长是银泰考核的一个比较重要的指标，因为停留时间越长，消费可能性就越高。AI系统能够捕捉到每位顾客的精准时长。比如消费者通常在一层、二层停留一个多小时，而在三层餐饮区普遍停留时间较短，可能只有二十分钟，就需要思考原因了。

每天通过AI捕捉到的数据结合交易、会员等数据，形成银泰独有的大数据库，为银泰运营管理提供分析的基础，使商业决策不再是盲人摸象。

在数据智能时代，营销可以越来越懂顾客。营销以顾客为中心，通过细分目标顾客并进行个性化甚至个人化的营销能更好地满足潜在顾客需求，将其转化为忠实顾客。

银泰in77这样的购物商场的数据智能化也会对品牌商的营销产生巨大的影响。购物商场作为品牌商与客流的聚集地，当会员系统与人脸ID对应后，商场将拥有精准客流的大数据库，并成为品牌商的精准营销平台。商场可以对用户画像进行属性分析并分类贴上不同的标签，再通过运营的手段将符合品牌商目标用户的客流导给品牌商、将品牌商的促销信息推送给目标会员，实现双向精准匹配，提高转化率。通过在商场摆放带有人脸识别摄像头的屏幕，广告的展示和互动也将变得新奇、有趣、极富个性化。当系统识别出顾客是某个品牌的会员，屏幕广告将展示该品牌的优惠促销信息，这种新型的广告展示方式可为品牌带来更多的流量和转化。

智能化的营销策略是能不断优化演进的策略。一个目标顾客从知晓品牌到成为品牌的忠实顾客，通常有下图所示的六个转化过程。

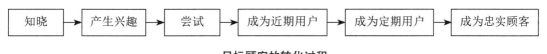

目标顾客的转化过程

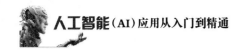
除了用个性化营销吸引顾客外，品牌商还可以根据AI统计的实时效果，不断调整营销策略，来满足顾客需求，减少顾客流失，延长顾客关系，逐步将顾客转化为忠实顾客。

通过对数据的挖掘，零售企业经营者能够发现以前无法注意到的商业洞察，并制定出优化策略，增加用户黏性和满意度。银泰in77采用AI系统后，发现了以前无法得到的入驻品牌之间的关联关系，可以发现特定的消费群里到过某个化妆品店的同时也会去某个运动品牌店铺消费，通过数据可以发现几个品牌共享同样的潜在用户，进而进行联合营销。

12

第十二章
人工智能+物流

人工智能因其强大的数据运算能力的支撑，在各行各业都发挥着越来越重要的作用，物流业也因得益于人工智能技术的发展，发生了颠覆性的变化。

一、人工智能对物流业的影响

随着时代的进步和技术的更迭，物流业正悄然发生着变化，尤其是AI、大数据、云计算风起云涌的当下，智能物流渐渐成了新的互联网风口。具体来看，人工智能对物流业的影响主要体现在图12-1所示的两个方面。

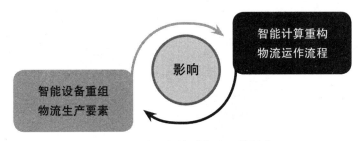

图12-1　人工智能对物流业的影响

1.智能设备重组物流生产要素

物流最基本的三大生产要素为基础设施、生产工具和劳动力。由于物联网和智能设备的发展，比如智能机器人、互联汽车、自动驾驶汽车等，将对物流产生很大影响——因为智能工具可以代替现有劳动力，形成非常强大的虚拟劳动力，劳动生产率远远高于人。伴随着机器人、自动驾驶汽车等智能化设备的普及和运用，智能生产工具替代现有生产工具和大量劳动力，形成了新的物流生产要素结构。如图12-2所示。

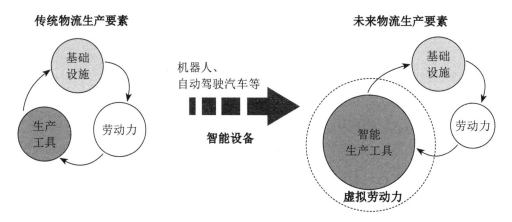

图12-2　智能设备重组物流生产要素

　　未来，智能硬件设备研发将使物流行业从人工分拣向自动化、智能化方向快速发展，智能感知技术、信息传输技术，机械臂、机器人、自动化分拣带、无人机等智能硬件设备将在物流运作各个环节广泛应用。

2.智能计算重构物流运作流程

　　传统的物流运作流程如图12-3所示。

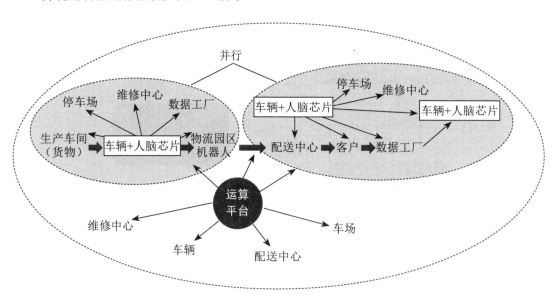

图12-3　传统的物流运作流程

　　图12-3是物流从生产车间经车辆运输到园区和配送中心，最后到客户的过程，由于这个过程中涉及的参与方非常多，所以就出现了第三方物流，整合和协同整个过程，这是一个串行过程。

　　随着人工智能的发展，这个串行过程可能被分解为若干个并行过程。除了设备的互联互通之外，车辆和设备也可能装上人脑芯片，人脑芯片具有自我计算和决策能力。人脑芯片类似于人的神经元，它可以快速反射，很多信息处理可以在本地进行，不需要通过人的大脑，因此形成很多小的自决策系统，并行完成若干工作。

比如，安上芯片的货运车辆可以自动计算车厢里剩余多少空间、哪个部件坏了、什么时候需要维修。芯片之间可以相互联系，所以车辆可与配送中心自动安排装卸时间、与维修中心自动安排修理时间。在这样一个小范围内，它们自动决策、自动检测、自动修理，很多活动都可以自动按流程去排序。就像神经元反射不需要经过大脑一样，这些活动也可以不进入云计算中心平台，大大提高系统计算效率和反应能力。

所以，未来物流运作流程可以由若干个并行结构构成，在不同层次上有很多活动通过并行方式可以非常分散地运行，从而建立快速反应机制。

随着智能物流云平台的建设，将实现对供应链、实体物流的数字化、智能化、标准化和一体化综合管理。以综合物流为出发点，应用现代人工智能技术及物流技术，使得供应链整体各环节的信息流与实体物流同步，产生优化的流程及协同作业，实现货物就近入仓、就近配送，提升产业链效能。

二、人工智能催生智慧物流

近年来随着物联网、人工智能等技术在传统物流行业的应用推广，物流行业正在经历向智慧化、科技化转型大变革时代，智慧物流应运而生并将重构行业版图。

对物流行业来说，人工智能将引领物流行业更为激进地跨越机械化、自动化乃至互联网这个"半智能"物流行业阶段，通过将图12-4所示的四个核心结合起来，真正让物流行业进入智能时代，这就是今天我们常说的"智慧物流"。

图12-4　智慧物流的核心

智慧物流是以物流互联网和物流大数据为依托，通过协同共享创新模式和人工智能先进技术，重塑产业分工，再造产业结构，转变产业发展方式的新生态。

未来一个时期，物联网、云计算、大数据、区块链等新一代信息技术将进入成熟期，全面连接的物流互联网将加快形成。物流数字化、在线化、可视化成为常态，人工智能快速迭代，"智能革命"将重塑物流行业新生态。

在人工智能的协助下，多式联运高效运输将得到实现。通过人工智能、云计算、大数据、物联网等技术，可实现集铁路、公路、航空"三位一体"的智慧多式联运。依托铁路网络、公路网络、航空网络、水运网络及实体物流园区，充分利用云计算、大数据、物联网、人工智能等技术，为线上线下物流运输、仓储配送、商品交易、金融服务、物流诚信等业务提供一站式、全方位服务，形成覆盖线上线下的物流生态系统，积极服务经济社会发展。

微视角

　　智慧物流是智能化设施设备与物流深度融合的产物，具有全面感知、可靠传输、智能处理、高效透明、信息对称及价格公开特点的社会化现代物流生态体系。

三、人工智能助力智能物流

　　现阶段的物流构成有：物体的运输、仓储、包装、搬运装卸、流通加工、配送以及相关的物流信息等环节。传统物流有较保守的生产线、较正规的运输线、各个环节都需要人工值守的仓库，彼此之间相对独立而封闭，耗费大量不必要的人力、物力、财力、时间，成本巨大、效率低下。相比传统物流，人工智能将带来人力成本的节省、周转效率的提高。如图12-5所示。

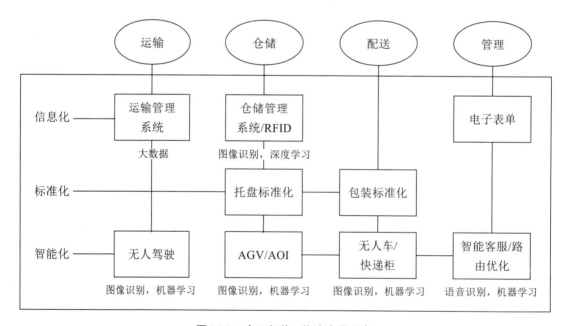

图12-5　人工智能+物流应用示意

应用人工智能，通过图像识别对包裹进行分类识别摆放，减少人工操作，采用人机协助模式可大大提升工作效率及节省时间成本。物流企业利用人工智能，可以自动地识别货品的大小，然后进行自动地包装。运用机器视觉、AR/VR等技术，利用电子标签、PDA等智能拣选类装备以及DPS等拣选系统构建工厂级的物流拣选体系，实现对物体的检测和识别，从而实现精密测量、产品或材料缺陷检测、目标捕捉、人脸识别、抓取物体等，实现快速、高效地作业。

未来，无人仓库也将实现，通过数据对物品进行分类定位，用机器人图像识别技术对物品分拣、包装，实现全智能化的仓库管理。在运输途中包裹有一定概率会损坏，通过人工智能对货运载车进行实时跟踪，可以第一时间对损害物件进行有效修复及采取防护措施。

四、人工智能落地物流的应用环节

目前，人工智能在物流行业落地主要有四大应用环节。

1.客服

电话客服是连接企业与客户的重要桥梁，极大地影响着企业的销售成果、品牌影响及市场地位。物流企业也不例外，包括货物的收发、运单查询等一系列的服务内容都离不开客服的介入。但是，长久以来，客服行业存在的痛点例如客服人员流动性大、培训成本高、服务效果难以把控、大量重复性问题过度消耗人力等问题也深深困扰着企业。

近年来，随着人工智能技术在各行各业的加速落地，智能语音客服行业也有了突飞猛进的发展，能为企业接电话的机器人也受到了市场的欢迎。

以前，我们拨打客服电话下单，会有一个人工座席客服接听。现在，首先接听的就是AI语音客服，如果有必要，再转人工客服。

AI语音客服的加入，可以提供全天24小时不间断的服务，降低企业人力成本；同时也大大降低了一线客服的工作强度，而且服务质量也得以大大地提升。

资讯平台 --

2019年"6·18"前夕，京东物流启用了人工智能预约服务，送货前以机器人代替人工进行大件商品的预约，通过标准化服务、智能语音交互等，保障用户体验，提升大件物流配送的运营效率。

目前，人工智能已在京东业务中广泛应用，并运用自然语言理解、知识图谱、语义交互等技术理解用户意图。

传统物流企业在预约配送时，由于不清楚包裹内的物品，就无法跟用户核对具体

的商品信息。京东物流供应链一体化的模式，使它对京东商城以及使用京东物流仓配一体服务的商家，可全程跟踪商品及物流信息，实现提醒和预约服务。

由于人工智能储存了海量的商品信息，除了基础的信息确认外，还能对顾客所购买商品的使用特性进行提示，帮用户避免错误，减少后期退换货的麻烦。

目前，人工智能预约应用于京东商城的微波炉和电视订单，未来会逐步拓展至其他合作商家，覆盖更多品类。AI也会在与用户的沟通、交互中持续"自我学习"，逐渐应对更加复杂的场景。

2.转运

目前，物流公司利用无人卡车在高速和港口进行货物转运。

（1）高速货物转运。无人卡车通过传感器（摄像头和激光雷达）对路况进行识别和判断。无人卡车基于视觉的感知算法，能够在80～200米外发现障碍物，这个参数对无人卡车来说非常重要，因为相比普通乘用车，卡车刹停距离更长，系统需要看得更远、更准确。无人卡车融合了视觉高精度定位和多传感器融合技术，在山区、隧道都能达到10厘米的定位精度。面对各种路况，如自适应巡航、换道、汇入、离开高速、躲避、慢速、临时停靠以及突发状况，无人卡车能根据情况做出相应的判断。

（2）港口货物转运。港口通常需要24小时作业、对司机技术要求高、作业环境封闭，这些特殊要求让无人卡车开进港口成为可能。

通过对接 TOS（码头管理系统），无人卡车获得相应运输指令后，实现码头内任意两点间的水平移动、岸吊、轮胎吊、正面吊、堆高机处等自动收送箱功能。每一台无人卡车通过车载网络实时与码头控制中心保持联系，实时接收每一条任务指令，并将当前的车辆状态、任务执行情况实时汇报给控制中心。

3.分拣

人工智能应用在分拣环节，主要有图12-6所示的好处。

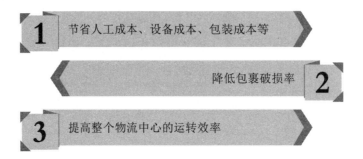

图12-6 人工智能应用在分拣环节的好处

比如，德邦快递引进的"AR量方"，快递员只需拿着终端给快件拍个照，再按提示操作就知道体积了，用时仅20秒左右。然后根据体积大小，科学判断需要使用的纸箱大小，从而节省了部分包装成本。

又如，德邦快递引进的AI快递分拣监控系统，如果快递员在分拣快递时动作太粗暴，那么这个AI监控系统将会即时发布快递员动作的"暴力指数"，并发出警示。有了监控系统，分拣员的动作等有了一定的考核标准，由此会极大地降低包裹破损率。如图12-7所示。

图12-7　德邦AI监控系统

随着大数据算法的日趋完善化、快递邮件信息逐步标准化、智能控制系统集成化，分拣系统将会成为物流业由劳动密集型产业向智能化转型的关键环节。

4.配送

在配送这个环节上，无人机、机器人闪亮登场。

（1）无人机配送。无人机配送是利用无线电遥控设备和自备的程序控制装置操控的无人驾驶的低空飞行器运载包裹，可以自动将包裹送达消费者的目的地。无人机对自己所在的具体位置和具体配送情况可以实时进行掌握控制，并及时将信息传输到调配站，调配站将配送指令发送到无人机，无人机收到指令后开始启动进行快递配送。

随着无人机安全性与智能化水平的不断提高，以及更加智慧高效的城市空中立体交通体系的构建，无人机将拥有更强的自主决策能力、感知与避让能力、抗干扰能力，无人机物流在高楼耸立、人流密集的大城市里运行将不再是幻想。

（2）机器人配送。配送机器人主要依托于高精度地图数据＋智能导航系统，它能够很好地解决"最后一公里"问题，且针对特殊环境，如某些小区不允许快递员进入的问题也可解决，应用场景广阔。加之依托国内每天巨大的快递配送需求，同时结合全天候

的配送服务，配送机器人的应用空间将非常巨大。

事实上，改变正发生在快递配送的各个环节。

比如，在苏宁无人仓库里，自动导引运输车机器人可以承重800千克的货物行走自如。商品的拣选不再是人围着货架跑，而是等着机器人驮着货架"跑"过来。在京东无人配送站，无人机将货物自动卸下，货物将在内部实现自动中转分发，从入库、包装到分拣、装车全部由机器人完成。菜鸟快递智能柜、蜂巢智能快递柜等引入"刷脸"功能，通过人脸识别技术，消费者只需站在快递柜"刷脸"，即可完成取件或寄件。在家门口，收包裹"神器"菜鸟小盒自带摄像头，还支持手机一键开盒、远程操作、容量自由伸缩。

2019年5月28日，以"数字化再加速"为主题的2019全球智慧物流峰会在浙江杭州举行。快递行业的一些最新"黑科技"集体亮相，令人惊叹：菜鸟AI空间改变了"人找包裹"的传统方式，刷脸后，包裹自动送到面前，更加贴心方便。菜鸟智慧仓实现了仓储、调度、搬运的全链条无人化操作。动力球分拣线展现了快递分拣新技术，占地面积小，效率更高。"机械外骨骼"通过人体仿生学等技术，助力快递员搬运重物。

 相关链接

5G技术正加速物流自动驾驶落地

2019年8月17日，苏宁物流向媒体开放了末端5G自动驾驶配送车的路测实况，这也是5G技术应用从实验阶段走向商业化应用，在物流配送环节的成功落地案例。而在2019年3月召开的全球物流技术大会上，搭载百度APOLLO系统的新石器无人物流配送车辆进行了演示，成为会议的一个亮点。

物流运输配送领域自动驾驶发展不断取得新的突破，而5G技术的应用正在不断加速这个趋势。

物流特征需要自动驾驶技术

业内人士表示，物流运输和配送环节的典型特征是多、小、散。个体户是物流运输配送市场的绝对主导力量，而对于物流公司而言，多、小、散的行业特征不利于统一调度管理和资源的优化配置。

目前，随着新技术在物流行业的应用，依托人工智能、大数据、云计算等先进技术来减少装箱、运输、配送等全流程的人工成本，是未来物流企业主要的发展方向。

近几年来，人工成本持续上升，交通事故也让物流运输配送市场承担了较大的压力，整个行业发展模式粗放，盈利能力薄弱，个体户和物流公司在发展过程中均承受着比较大的压力。

根据物流运输配送市场的行业特点和发展困局来分析，5G技术、自动驾驶、车联网技术的应用将会显著提升物流运输配送市场的运营效率，降低运营成本，减少因交通事故造成的损失。物流自动驾驶也成为多家科技公司鏖战的重要领域。

5G或加速物流自动化进程

业内人士认为，现阶段，自动驾驶技术成本与人工成本存在一个临界点，在这个临界点到来之前，可以通过车联网来优化线路，通过规范司机的驾驶行为来降低油耗，提供商用车的管理和运营服务，以此来为干线运输自动驾驶的最终实现找到突破口。而5G技术的应用将会加速这个临界点的到来。

伴随着5G商用技术的普及，数据传输速度将会大幅提升，新能源物流车运营数据有望实现车、货、人、场的互联互通，物流车将不仅是物流操作的工具，也成了一个数据采集的端口，通过云端大数据的协同，帮助客户进一步提高车辆的运营效率，降低运营成本。5G作为突破性技术，其低时延的网络传输特征，让物流运作的相关信息能够更快捷地触达设备端、作业端和管理端，让端到端无缝连接；原本物流的信息都是碎片化的，现在则是形成了更具有应用价值的"数据链"；海量信息的收集，结合更多、更广、更及时的特点，使得人工智能在物流领域有了更多的应用可能，真正让技术赋能物流产业。

业内专家认为，5G技术的应用将使得物流行业端到端的触达更便捷，更全面的环境信息促成更有价值的数据链。从物流技术发展历程来看，作为底层的基础技术优先被变革。技术变革是产业变革的源动力，新技术的应用必然推动产业转型升级和社会进步的步伐。

在5G时代，人工智能在物流领域有更多的应用基础，新技术推动产业革命，推动无人机、无人仓、无人配送等落地，进一步加速物联网、车联网的发展。未来，5G技术将为物流行业带来更大的革新与进步。以物流配送为例，无人车的应用就是新技术推动商业变革和社会发展的典型案例，全场景、全天候、全时段的5G覆盖将推动自动驾驶在物流行业的加速落地应用。

五、人工智能在物流业的应用场景

物流作为一个相对传统的大众服务行业，将在运输、仓储、配送和管理等各场景受到人工智能技术的全面改造。以智能感知、自主决策、图像与视频理解和分析、自然语言处理、知识图谱、数据挖掘与分析为代表的人工智能技术，将极大地降低物流行业的运营成本和人工劳动强度，提升物流行业的服务效率和服务质量，推动整个物流行业从

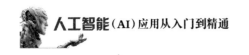

劳动密集型服务行业向科技密集型服务行业转变。

具体来说，人工智能技术应用于物流行业，应用场景包括但不限于如下一些领域或方向。

1.车货匹配系统

使用人工智能完成物流运输中的车货匹配。物流企业可以利用人工智能技术结合自身资源打造全新的货运匹配平台。基于自身货源建立数字化货运平台，低价获取社会运力。

2.无人驾驶体系

使用机器学习和深度学习打造无人物流驾驶体系。中国物流业面临着干线运输司机短缺的问题，无人驾驶技术可以提高物流效率，降低交通运输过程中的安全事故，克服"人为因素"所带来的诸多痛点。商用车无人驾驶技术将在港口等特殊场景率先使用，在高速公路干线得到普及，并与车联网车路协同等技术结合，推动整个公路运输体系智能化。

3.图像（视频）识别

图像（视频）识别与理解技术，结合GIS、多媒体压缩和数据库技术，有效建立起可视化的仓储管理、订单管理、车辆管理系统。在智能仓库管理系统中，基于图像（视频）识别分析技术的监控设备将视频、图像等数据信息汇集于主控中心，便于各级决策人获得前端仓库的异常状况，从而实现及时决策、指挥调度、调查取证。在智能订单管理、车辆管理系统中，图像（视频）识别分析技术可有效实现订单跟踪管理，并降低运输过程中货物的损毁、丢失等问题，从而帮助制订生产计划与排产，保证货物及时、安全地到达目的地。

4.语音识别技术

使用语音识别技术优化智能客服系统。语音识别是包含特征提取技术、模型训练技术以及模式匹配准则在内的智能科技，是让机器通过识别与理解，把语音信息转变为相应的文本符号。在物流领域，语音识别已成为电话信道上最为重要的应用之一。基于语音识别技术的客服座席，可实现客户语音的可视化和智能分析，辅助人工座席迅速完成词条和关键字识别，并进行关键知识库与知识点的搜索匹配，从而提高物流行业客服坐席的工作效率、服务质量与电话接通率。

5.智能化场院管理

业界可通过对运输车辆进行智能扫描、装卸垛口加装智能传感器等手段，来实现垛口、车辆、物理格口的自动协同，进场车辆调度引导、智能停靠。在智能仓库作业环境中，对搬运机器人、分拣机器人与机架梭进行有序操作与协作，能够极大提升仓库操作的处理速度、拣取精度和存储密度。通过测算百万SKU商品的体积数据和包装箱尺寸，利用深度学习算法技术，由系统智能地计算并推荐耗材和打包排序，从而合理安排箱型和商品摆放方案；通过对商品数量、体积等基础数据分析，对各环节如包装、运输车辆等进行智能调度。

6.物流运营管理

人工智能还能为新一代物流行业提供更加智慧的运营管理模式。人工智能结合大数据分析，在物流转运中心、仓库选址上能够结合运输线路、客户分布、地理状况等信息进行精准匹配，从而优化选址、提升效率。采用人工智能分析，供应链各环节的产品生产制造商、供应商、物流提供商亦受到相当程度的助益，在人工智能辅助下，提前有针对性地制定产品营销策略和货物的运、储、配计划。

【案例一】 ▸▸▸

菜鸟启用全国首个物联网机器人分拨中心

2019年1月，菜鸟网络宣布，全国首个物联网（IoT）机器人分拨中心在南京启用。菜鸟表示，通过IoT技术，正在加速实现南京快递物流业的数字化、智能化，南京正成为一座物流IoT新城，并辐射周边华东地区，让包裹越来越多时，速度越来越快。如下图所示。

菜鸟在南京的物联网机器人分拨中心一角

菜鸟透露,在IoT战略大力推进下,IoT技术正遍地开花,覆盖全国的智能物流骨干网正在提供高效、普惠的物流服务。

根据公开资料显示,早前菜鸟就发布了未来园区、物流天眼系统等,并和快递企业联手打造了超级机器人分拨中心。

而此次在南京启用的国内首个物联网机器人分拨中心,主要用于中大件分拨。这一系统以IoT技术为核心,应用计算机视觉、多智能体机器人调度技术,实现了大件包裹在整个分拨中心内的全程可控、智能识别以及快速分拨。

据介绍,该机器人分拨系统可以处理超过九成商超类包裹,比传统人力分拨效率提升1.6倍。同时可以快速部署、搬迁,并根据业务增加分拨流向,便于快速复制,将持续提升全行业的自动化水平。

【案例二】▶▶▶

京东物流配送机器人落子华南

2018年9月28日,京东物流华南地区第一台智能配送机器人正式落地运营,并在中山大学新华学院校园里完成首单配送。京东物流智能配送体系的布局已深入全国第一经济大省广东,这对深化物流行业智能化运营和规模化应用具有里程碑式的意义。

无论在封闭园区还是开放道路,京东物流配送机器人均积累了大量运营经验。本次在中大新华学院投入使用的配送机器人,是京东X事业部自主研发的第三代配送机器人产品,载重重量100千克,能够根据配送机器人当前位置及周围环境实时动态生成有效可行驶路径。穿梭在校园的道路间,能够自主规避障碍和往来的车辆行人,安安稳稳地将货物送达目的地。如下图所示。

京东物流智能配送机器人正在派送快递

配送过程中，配送机器人顶部的激光雷达会自动检测前方行人车辆，靠近三米左右会自动停车；遇到障碍物会自动避障，还可以攀登15度的上坡。配送运营人员将货品装入京东物流配送机器人隔口，京东物流配送机器人选择路线后发车前往宿舍区、教学区或图书馆区域进行配送。机器人从中山大学新华学院京东派送出发时，客户会收到一条短信通知收货时间和地点，京东物流配送机器人来到配送点后，客户输入提货码后打开配送机器人的货仓，就可以取走自己的包裹，如果客户当时不方便接收，也可以通过APP约定时间由配送机器人再次配送。

技术发展日新月异，人脸识别等新技术已经在京东物流配送机器人的升级计划之中，作为整个物流系统中末端配送的最后一环，配送机器人所具备的高负荷、全天候工作、智能等优点，将为物流行业的"最后一公里"带去全新的解决方案。

京东物流已经在北京、上海、广州等数十个城市布局配送机器人项目，正在以科技消除"最后一公里"的配送障碍，让消费者感知无人科技带来的魅力。同时，京东物流已成功搭建全球首个全流程无人仓、无人机运营调度中心、全流程智慧化无人机机场和全球首个无人配送站等一系列智能基础设施。随着无人科技的不断创新及广泛应用，必将大幅降低全社会的供应链成本，提升效率，创造出更大的价值，为无界零售拓展出更加广阔的服务空间，为用户体验的再一次升级带来质的飞跃。

【案例三】▶▶

苏宁智能化仓储"解放双手"提高效率

随着物流企业的高速发展，快速准时地收到快递成为消费者需求的关键指标之一。"智慧物流"成为当下物流行业的高频词汇。

位于南京雨花物流基地的苏宁云仓中的储存区，有24米高的储存货架。在工作区，看不到工作人员传统操作的身影，只见机器智能地操作将各类商品依次放回"仓储位"。这个24米高的"巨型智能机器人"解放了一线操作员工的双手，改变了传统储存货物的模式，操作员只需把商品放在机器上，机器会自动识别存放。取货时按照货物码，这位"巨型智能机器人"自主寻找，并传送到智能分拣区。如右图所示。

苏宁云仓雨花物流基地一角

苏宁云仓雨花物流基地，2016年11月投产，建筑面积20万平方米，小件商品存储能力2000万件，可存储150万SKU，日峰值出货能力181万件。该云仓投入使用主要是加强了在中小件商品上的仓储配送能力。

货物拣选是物流系统的核心工作，这一环节充分展示了该云仓的智能化。库内应用货到人拣选系统，作业人员不需要移动，只要站在固定位置，系统会自动把相应的货物送到面前，人均拣选效率1200件/小时，日出货能力28万件，拣选效率是传统方式的10倍以上。

在苏宁云仓雨花物流基地，物流智能化随处可见。2018年5月，无人快递车"卧龙一号"落地北京、南京、成都三城社区配送，2018年一年完成20000+单无人配送测试。目前，苏宁不仅实现了"末端配送机器人—支线无人车调拨—干线无人重卡"的三级智慧物流运输体系，更完成了全流程无人化布局，实现无人物流技术应用的闭环。

苏宁物流相关负责人表示，苏宁多个智能化仓库都已经实现了拣选、分拣的智能化，下一步将重点围绕包装和装车环节，目标是实现卸货、拣选、包装、分拣、装车物流全环节的无人化。

据苏宁官方消息，截至2019年6月，苏宁物流联合天天快递拥有的相关配套仓储合计面积达到964万平方米；24个大型自动化小件平行仓，64个大件仓，46个冷链仓，开通了6大跨境口岸和6座海外仓，以及465个城市配送中心、27744个末端快递点，覆盖全国2858个区县。在全国范围内，拥有超过10万辆运输车辆资源，干支线网络超过4000条，在全国95%以上的区域可以实现24小时达。2020年仓储及配套设施面积将达到2000万平方米。

⑬

第十三章
人工智能+制造

　　制造业是人工智能创新技术的重要应用领域，人工智能与制造业的深度融合正在引发影响深远的产业变革。更好推动人工智能发展，充分发挥人工智能推动制造业转型升级的作用，对我国优化经济结构、提升国际竞争力至关重要。

一、人工智能对制造业的影响

　　人工智能实现了从实验技术向产业化的转变，"深度学习+大数据"成为人工智能发展的主要技术路线，同时人工智能应用从服务业向制造业、农业拓展，这些都使人工智能表现出愈发明显的通用技术和基础技术特征，对制造业的影响日渐凸显。具体来看，人工智能对制造业的影响如图13-1所示。

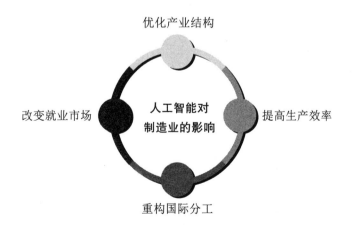

优化产业结构

改变就业市场　人工智能对制造业的影响　提高生产效率

重构国际分工

图13-1　人工智能对制造业的影响

1. 优化产业结构

一方面，人工智能将逐步淘汰某些制造业部门。人工智能会替代某些产品的功能，这类产品所属的行业则会随之不断萎缩直至消失。制造业中一些传统机械装备及与之配套的零部件制造可能面临市场萎缩的风险，不具有人工智能功能的传统电子信息产品也将面临巨大的升级压力。

另一方面，人工智能将彻底改造某些行业。人工智能与传统制造产品融合，短期内体现为提供一些新的功能，但最终会彻底颠覆产品和产业的架构。

比如，人工智能驱动的无人驾驶取代传统汽车后，交通系统、法律法规、汽车的销售和使用方式，以及以汽车为核心的商业生态系统都会发生革命性变化。

未来，智能化将成为绝大多数产品的标准基础功能之一，几乎所有的制造业产品都将因其改变。同时，人工智能及相关行业将发展为新的支柱产业。

作为一项通用技术，人工智能在各个产业、各个领域都有巨大的应用空间。许多新技术随着技术成熟和市场需求扩大，最后会演化为新的行业，人工智能及相关支持技术和衍生服务也必将发展成为一个规模庞大的产业体系。

2. 提高生产效率

（1）人工智能可提高制造业智能化水平，延长工厂开工时间。使用更多的智能机器人意味着工厂和车间可以实现更长的作业时间，企业不需要负担多余的加班费用就能够让工厂24小时开工运转，美国、日本、德国等国家都已经出现了不停工的"无人工厂"。

（2）人工智能可促进生产与需求的匹配，提高生产线的柔性。人工智能通过预测市场趋势，在整个产业链上科学安排生产计划，使各个环节在满足需求的前提下保持最低库存，甚至是"零库存"，同时提高需求与产品的匹配效率。

（3）人工智能可提升质检水平，提高产品良品率。人工智能在生产线各个环节全面实时监控，与传统方式相比，人工智能对生产过程的监控能大幅度提高企业对产品质量的监管和控制能力，降低产品不良率，提高生产效率。有的企业采用人工智能对产品的生产过程进行全面质检，每年可增加上亿元利润。

3. 重构国际分工

人工智能将重塑全球制造业价值链，形成一套新的国际分工体系，对传统的制造业国际分工产生重大影响。

一方面，人工智能在传统价值链上增加新的环节，这一环节成为价值链上新的制高点，发达国家正在努力抢占这一制高点以强化其制造业对全球分工的主导。

另一方面，人工智能也改变了传统价值链形态，发展中国家的劳动力成本优势将继续减弱。

与其他发展中国家一样，我国制造业在与发达国家的竞争中，仍然具有劳动力成本优势，但人工智能的更多应用会削弱这一优势；同时，我国劳动力成本不断上涨，用工成本高已经成为沿海发达地区制造业发展的瓶颈，而人工智能的应用则可以缓解这一压力。从这个角度看，我国加快人工智能在制造业的应用，会产生较为复杂的影响。

值得注意的是，人工智能对制造业的不同行业会产生不同影响。具体如图13-2所示。

1 对家电、消费电子等劳动密集型行业来说，人工智能的作用主要体现在减少用工数量、提高产品质量

2 对生物医药、航空航天等技术创新驱动发展的行业来说，人工智能在数据挖掘、分析等方面的高效率将改变传统的技术研发模式

3 对冶金、化工等流程型行业来说，人工智能可帮助实现低成本的定制化生产

4 对服装、食品等行业来说，人工智能则可帮助企业准确预测市场趋势，形成快速响应能力

图13-2 人工智能对制造业的不同行业会产生不同影响

4.改变就业市场

一方面，由于AI技术的大量应用，制造行业50%的现有工作可能被替代，制造业就业人口会大量缩减。

另一方面，随着AI技术在制造业的应用，也会创造一些新的就业岗位，比如针对机器的开发、管理、维护等岗位会大量增加。

二、人工智能助力制造业转型升级

人工智能可以从图13-3所示的四个维度帮助制造业企业实现转型升级。

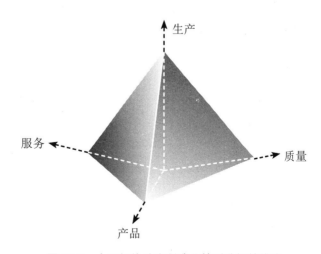

图13-3 人工智能助力制造业转型升级的维度

1.生产方面——人工智能提升设备的生产能力

将人工智能技术嵌入生产过程，提升生产设备的智能化水平，通过深度学习自主判断最佳参数，从而实现完全机器自主的生产和复杂情况下的自主生产，全面提升生产效率。

2.质量方面——人工智能重构质量管理体系

基于人工智能技术，通过对海量缺陷图片的建模分析总结，开发出具备自主学习能力的自主检测新模型，实现无间断、高精准的缺陷自主检查判定功能，突破产品缺陷必须由人员主观检查判定这一问题根源。通过人工智能代替人眼检查的新模式，彻底解决了人员检查低效、错漏不断的问题，达成了降低人力成本、提升产品品质、提高企业利润的目标。

3.产品方面——人工智能赋能硬件的智能升级

通过内置移动操作系统或更新程序，将人工智能算法嵌入产品中，如智能家居产品、智能网联汽车、智能服务机器人产品等，从而帮助制造业企业生产全新的智能化产品。

4.服务方面——人工智能提升企业的智能化水平

通过人工智能分析用户画像，判断重点需求，帮助制造业企业进行精准的市场预测和优化营销能力；以物联网、大数据和人工智能算法，对产品进行实时监测和远程管理，提升售后服务水平。

> **微视角**
>
> 通过"人工智能＋制造"实现高水平的人机协同，能够推动制造业的质量变革、效率变革、动力变革，为人类创造更美好的生活。

 **相关链接** ‹·······································

人工智能让"制造"变"智造"

当前，在全球范围内，大量资本正涌入人工智能，特别是机器学习和深度学习领域。渐趋复杂的算法、日益强大的计算机、激增的数据以及提升的数据存储性能，为新一代人工智能在不久的将来实现质的飞跃奠定了基础。尽管如此，人工智能以及其他颠覆性技术主要还是集中于消费领域，要真正实现以科技创新重塑中国经济，这些前沿技术在工业领域及企业间的大规模应用则更为关键——因为，工业是国民经济的主体。

自20世纪70年代开始，计算机控制系统的应用推动生产过程自动化水平的不断提升。近年来，随着数字技术范畴的迅速扩大，软件与云计算、大数据分析以及人工智能算法一起，成了制造业范式转变的重要组成部分。美国学者尼尔斯·尼尔森（Nils J.Nilsson）教授作为早期从事人工智能和机器人研究的国际知名学者曾经这样给人工智能下定义："人工智能就是致力于让机器变得智能的活动，而智能就是使实体在其环境中有远见地、适当地实现功能性的能力。"

相比消费者相关的数据，机器生成的数据通常更为复杂，多达40%的数据甚至没有相关性。而企业必须拥有大量的高质量、结构化的数据，通过算法进行处理，除此之外没有捷径可循。

颠覆性的技术创新与制造业的融合充满挑战，但潜在的收益也无比巨大，能够帮助企业寻求最优的解决方案，创造新的价值，比如设备预测性维护、优化排产流程、实现生产线自动化、减少误差与浪费、提高生产效率和质量、缩短交付时间以及提升客户体验。

三、人工智能在产品设计中的应用

在产品研发、设计和制造中，人工智能的主要应用场景如下。

1.生成式产品设计

利用AI技术，根据既定目标，利用算法探索各种可能的设计解决方案，需要经过图13-4所示的三个步骤。

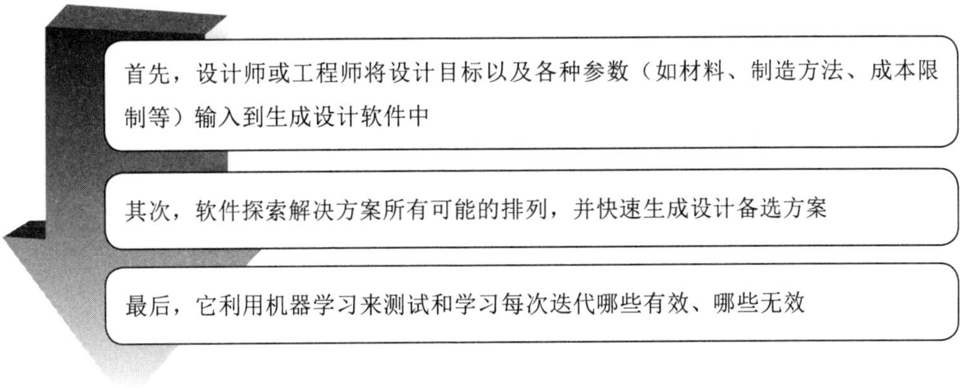

首先，设计师或工程师将设计目标以及各种参数（如材料、制造方法、成本限制等）输入到生成设计软件中

其次，软件探索解决方案所有可能的排列，并快速生成设计备选方案

最后，它利用机器学习来测试和学习每次迭代哪些有效、哪些无效

图13-4 AI在产品设计中的应用步骤

比如，一些航天公司正在利用生成式设计以全新的设计开发飞行器部件，如提供跟传统设计功能相同但是却轻便许多的仿生学结构。

2.智能产品

将人工智能技术成果集成化、产品化，制造出如智能手机、工业机器人、服务机器人、自动驾驶汽车及无人机等新一代智能产品。这些产品本身就是人工智能的载体，硬件与各类软件结合具备感知、判断的能力并实时与用户、环境互动。

以智能手机为例，除了AI芯片使手机运行速率、反应时间上更快之外，手机上的智能语音助手、生物识别、图像处理等AI应用也给用户带来多维度的智能体验。国产手机四大巨头Vivo、小米、华为和OPPO先后在2018年推出主打AI功能的旗舰机，显示智能产品的市场潜力不容小觑。

微视角

在研发设计环节，AI可基于海量数据建模分析，将原本高不确定性、高成本的实物研发，转变为低成本、高效率的数字化自动研发。特别是对于制药、化工等研发周期长、成本高、潜在数据丰富的行业，作用尤其明显。

四、人工智能在生产制造中的应用

人工智能嵌入生产制造环节，可以使机器变得更加聪明，不再仅仅执行单调的机械任务，而是可以在更多复杂情况下自主运行，从而全面提升生产效率。随着国内制造业自动化程度的提高，机器人在制造过程和管理流程中的应用日益广泛，而人工智能更进一步赋予机器人自我学习能力。

结合数据管理，导入自动化设备及相关设备的联网，机器人通过机器学习分析，可以实现生产线的精准配合，并更准确地预测和实时检测生产问题。目前主要应用领域如下。

1.产品质检

企业可以借助机器视觉识别，快速扫描产品质量，从而提高质检效率。而且，因为这些过程系统可以持续学习，其性能会随着时间推移而持续改善。有汽车零部件厂商已经开始利用具备机器学习算法的视觉系统识别有质量问题的部件，包括检测没有出现在用于训练算法的数据集内的缺陷。

比如，AI视觉技术企业波塞冬可以实现精度为0.1毫米的汽车电镀件外观不良检测；阿丘科技将AI和3D视觉技术用于工业质检和分拣；高视科技将AI视觉用于屏幕质检；瑞斯特朗则聚焦在纺织布料质检。

在质量管控环节，AI结合物联网和大数据技术，能够实现对产品质量的自动检测扩展到生产的全流程，从而不仅提高质检效率，甚至能指导工艺、流程等改善，提高整体良品率，尤其适合材料、零配件、精密仪器等产量大、部件复杂、工艺要求高的行业。

2.智能自动化分拣

无序分拣机器人可应用于混杂分拣、上下料及拆垛，大幅提高生产效率。其核心技术包括深度学习、3D视觉及智能路径规划等。

比如，矩视智能科技的NeuroBot解决方案可柔性地将物料在无序或半无序状态下完成分拣，提高生产效率并节约成本。其核心技术分为以下三类：

（1）AI——通过采用深度学习技术，把人工的检测经验转化为算法，从而实现自动识别和检测。

（2）3D/2D视觉——利用机器视觉完成物品的位姿估计，并辅以深度学习算法实现复杂场景的抓取点计算。

（3）嵌入式AI——采用嵌入式GPU（如Nvidia的TX2）为深度学习提供硬件支撑，保持算力充足。

3.预测性生产运维

在运营维护环节，AI在于对设备或产品的运行状态建立模型，找到与其运行状态强相关的先行指标，通过这些指标的变化，能够提前预测设备故障的风险，从而预防故障的发生。

比如，美国创业公司Uptake凭借大数据、AI等技术提供端到端服务，以工业设备故障预测分析、性能优化为主营业务。国内创业企业智擎信息的故障预测解决方案可以提前2～4天预判故障，从而降低运维成本和备品备件库存成本，提升设备可利用率和整体运转性能。

4.生产资源分配

在生产制造环节，人工智能可以针对消费者的个性化需求数据，在保持与大规模生产成本相当甚至更低的同时，提高生产的柔性。

比如，阿迪达斯2018年4月在美国开设全球第二家智能化工厂Speed Factory，按照顾客需求选择配料和设计，并在机器人和人工辅助的共同协作下完成定制。工厂内的机

器人、3D打印机和针织机完全由计算机设计程序直接控制，这将减少生产不同产品时所需要的转换时间。

> **微视角**
>
> 生产制造系统越柔性，越能快速响应市场需求等关键因素的变化，尤其适合服饰、工艺品等与消费者体征或品位等需求相关性强的行业。

5.优化生产过程

人工智能通过调节和改进生产过程中的参数，对于制造过程中使用的很多的机器进行参数设置。生产过程中，机器需要进行诸多的参数设置。

比如，在注塑中，可能需要控制塑料的温度、冷却时间、速度等，这些参数会受到外部因素影响，如外界温度。通过收集所有数据，人工智能可以自主改进、自动设置和调整机器的参数。

五、人工智能在智能供应链中的应用

整个供应链从需求开始，无论是产品的设计、开发、原材料采购，还是制造商的选择、监督生产、组装、整合物流，以及经过批发商最后传递到消费者手中，整个链条上的需求就是供应链。任何商业模式的创新，如果没有供应链流程上的整合、创新和再造作为支撑，则会很难落地。而人工智能将使供应链的整合效率大大提高。

1.需求预测

需求预测是供应链管理领域应用人工智能的关键主题。通过更好地预测需求变化，企业可以有效地调整生产计划，改进工厂利用率。人工智能通过分析和学习产品发布、媒体信息以及天气情况等相关数据来支持客户需求预测。一些公司还利用机器学习算法识别需求模式，其手段是将仓库、企业资源计划（ERP）系统与客户洞察的数据合并起来。

2.仓储自主优化

智能搬运机器人大幅提升了仓储拣选效率，减少了人工成本。

以搬运系统为例，系统根据生产需求下达搬运任务，机器人会自动实现点对点的搬运，在工厂和仓库内运输物品的机器人会感应障碍调整车辆路线从而实现最佳路线。

机器学习算法会利用物流数据（如材料进出的数据、库存量、零件的周转率等）来促进仓库自主优化运营。

比如，极智嘉科技以物流机器人及智能物流解决方案为重点，研发机器人拣选系统、搬运系统和分拣系统等，通过机器人产品和人工智能技术实现智能物流自动化解决方案。机器人搬运系统通过移动机器人搬运货架（托盘）实现自动化搬运；有效提升生产柔性，助力企业实现智能化转型；实现自动进行路径规划及取放货架、托盘动作，实现了工厂车间无人化的智能搬运。

【案例一】▶▶

AI 进车间，提升质检效率

深圳市华星光电技术有限公司（简称华星光电）是2009年11月16日成立的国家级高新技术企业，总部坐落于深圳市光明区高新技术产业园区。华星光电成立以来，依靠自组团队、自主建设、自主创新经营持续向好，经营效率处于同行业领先水平，形成了在全球平板显示领域的竞争优势。

1.企业面临的挑战

当前，无论是最新智能手机，还是大屏幕电视，全球消费类电子产品需求增长迅速。LCD屏幕是当今许多电子设备的关键组件，作为LCD屏幕制造商，面临的压力在于如何制造高品质的产品来满足需求。

对于华星光电而言，要在这个瞬息万变、竞争激烈的行业保持领先优势，需要持续改善生产流程和质量标准。目标是先于竞争对手向市场推出先进的优质组件，同时降低成本以保护利润率。

要在竞争白热化的LCD制造业取得成功，华星光电必须在紧张的时间内交付高品质的产品，但耗时的产品检验削弱了它的敏捷性。为了实现这些目标，华星光电一直在努力打造智能工厂、优化流程并采用最新技术，以实现更快速、更高效的运营。该公司成功将多达95%的LCD制造流程实现了自动化。不过，有一个瓶颈仍然存在：极其重要的质量检验阶段。

2.启动AI支持的检验解决方案

随着华星光电LCD面板产能的持续提升，为保证产品质量，华星光电需要引入更为高效、严格的质量检测过程，以避免产品出现品质问题，最终给企业运营带来重大损失。

对于华星光电来说，检验是整个制造流程最关键的部分，为保证产品质量，质检人员不得不分别检查每个LCD屏幕，以检查是否存在瑕疵。尽管检验人员训练有素，但仍有可能漏掉缺陷。同时培训一名经验丰富的员工需要花费大量时间和资源。如果华星光电未能在发给设备制造商前发现瑕疵，可能导致代价高昂的产品退货和返工，更不用说这将对企业的卓越产品声誉造成损害。

因此，为了提升产品的质检准确率，降低由于人工失误带来的瑕疵产品流入市场，华星光电将人工智能引入了工厂，使用IBM Watson IoT加速目视检查流程，并更快速、更准确地检测产品瑕疵。

华星光电引入了IBM Visual Insights，这是一款AI支持的检验解决方案，通过将产品图像与已知缺陷图像库做比对，智能地检测缺陷。Visual Insights可与现有检验流程轻松集成，让华星光电能够迅速启动和运行该解决方案。

通过与IBM研发团队合作，华星光电打造了一个库，其中包含大量在其生产线拍照的图片。该团队对图像进行了分类，包括合格产品和包含各种不同缺陷的产品。接下来，他们使用Visual Insights训练AI模型，使该模型可以区分这些类别。在车间的检验点，华星光电将此模型应用到与超高清相机相连的边缘计算服务器。相机在检验点拍摄产品图像，而Visual Insights利用AI模型将这些图像与相应的缺陷图像进行快速比较，并相应地对图像进行分类，分类的结果随后发送到云中，供检验人员检查和评估。

Visual Insights对它分类的每张图像分配置信水平，从零（无匹配）到100%（完全匹配）不等。如果置信水平低于可接受的阈值，系统提示检验人员检查此项目并确定是否确实存在缺陷。这项能力有助于减少检验时间和成本，让华星光电可以将人员的专业知识应用到真正需要的地方，同时在多数情况下依靠智能视觉识别。

作为一款AI解决方案，Visual Insights不停地进行学习。它持续地从检验团队获取反馈，检验团队利用他们多年积累的专业知识检查并评估它的自动化分类。纠正信息以及来自车间的图像随后包含到AI模型的下次训练周期中，从而改善它检测未来缺陷的能力。

3.AI实践为企业创造价值

通过整合AI技术与人员专业知识，华星光电推动实现更准确的产品检验，有助于最大限度降低可能有缺陷的产品离开生产线的风险，从而提高整体产品质量。这将降低产品成本、提高制造产量，并支持公司保持高质量标准，从而保护公司的卓越产品声誉。

此外，借助智能检验功能，华星光电可以加速处理以往单调乏味、耗费时间的手动任务。Visual Insights可以在数毫秒内完成产品图像分析，比操作人员快数千倍，这有助于华星光电快速、自信地识别缺陷，从而缩短检验交付周期。

华星光电的工厂负责人总结道："华星光电的首要任务是利用创新性技术，向消费者提供最优质的产品。IBM Visual Insights 帮助我们将卓越运营提升到更高水平。我们期望继续与IBM合作，并利用Visual Insights全面实现智能制造。"

【案例二】▶▶

美的空调打造全智能工厂

2016年1月20日，美的空调广州南沙工业园全智能工厂亮相。作为美的空调智能制造的核心载体，全智能工厂以"内部互联、内外互联、虚实互联、柔性与个性化"四大集成实现价值。全智能工厂将"设备自动化、生产透明化、物流智能化、管理移动化、决策数据化"都透明化，能够实现订单、供应、研发、生产乃至配送全过程时时监控，大幅提高生产的自动化率，提升品质、降低成本，是中国乃至全球的首家空调制造全智能工厂。

该厂拥有两条全智能生产线（室内机、室外机）、近200台工业机器人，粗到部件运输、封装外箱，细到拧紧螺丝钉、安装冷凝器，能使用机器人操作的绝不用人工操作。如下图所示室外机生产线。

室外机生产线

此前，该工厂最多时容纳3000多名工人，随着全智能化改造，目前，仅拥有700多名员工。家用空调内机和外机生产自动化率分别达到64%和65%。

在8万平方米的厂区中布有约5000个传感器，负责监控全厂325个流程的生产状况。在生产工厂监控中心大屏幕上，可以看到全场生产数据，例如出货数、及格率、返修率等详细的数据，其中，3D模拟的厂区俯视图显示所有生产线上的工作情况，每个环节都是绿色闪烁，若突然变成红色，值班人员会立刻通过麦克风通知。下图所示为美的空调智能工厂中控室。

美的空调智能工厂中控室

更新奇的是，对于C2M的个性化定制，9天完成从订单到交货，客户可以通过智能手机或者ipad看到订单跟踪情况。

据美的家用空调事业部负责人介绍，全智能工厂投入后生产效率大幅度提高，产品质量更加稳定，人力资源方面也发生相应的变化，不仅缓解了招工难以及流动性大的问题，人力资源结构也在不断优化，员工培养往技术应用方向倾斜，从劳动密集往技术密集转化。

【案例三】▸▸▸

三一重工的智能化制造车间

长沙产业园18号厂房是三一重工"智"造示范实施基地，是三一重工总装车间，有混凝土机械、路面机械、港口机械等多条装配线，是工程机械领域内颇负盛名的智能工厂。

在18号厂房，厂区旁边有两块电视屏幕，它们是一线工人的"老师"——不熟悉装配作业的工人，通过电子屏幕里的数字仿真和三维作业指导，可以学习和了解整个装配工艺。三一重工的三维作业现场指导模式，成了著名3D技术开发公司达索的全球最佳案例。

这里，厂房更像是一个大型计算系统加上传统的操作工具、大型生产设备的智慧体，每一次生产过程、每一次质量检测、每一个工人劳动量都记录在案。装配区、高精机加区、结构件区、立库区等几大主要功能区域都是智能化、数字化模式的产物。

"泵送系统部装班组需要两个水箱。"收到物料需求后，泵送物料员立刻网上报给立体仓库，不到15分钟，自动配送物料的AGV小车（自动导引小车）即带着两个水箱，停在指定工位。

这一自动化过程是如何实现的呢？当有班组需要物料时，装配线上的物料员就会报单给立体仓库，配送系统会根据班组提供的信息，迅速找到放置该物料的容器，然后开启堆高机，将容器自动输送到立体库出库端液压台上。此时，AGV操作员发出取货指令，AGV小车自动行驶至液压台取货。取完货后，采用激光引导的AGV小车，将根据运行路径沿途的墙壁或支柱上安装的高反光性反射板的激光定位标志，计算出车辆当前的位置以及运动的方向，从而将物料运送至指定工位。像这样的AGV小车，在三一重工18号厂房有15台。如下图所示。

自动配送物料的AGV小车

位于厂房中部的智能立体仓库总占地面积9000平方米，仓库容量约16000个货位，能支持每月数千台产品的生产量。立体仓库后台运作的自动化配送系统由华中科大与三一重工联合研制，通过这套系统，三一重工打造了批量下架、波次分拣，单台单工位配送模式，实现了从顶层计划至底层配送执行的全业务贯通，大大提高了配送效率及准确率，准时配送率超95%。

从大厂房到智能工厂，实施智慧化改造后，18号厂房在制品减少8%，物料齐套性提高14%，单台套能耗平均降低8%，人均产值提高24%，现场质量信息匹配率100%，原材料库存降低30%。

此外，高精加工区也是18号厂房的特色之一。整个机加区集智能化、柔性化、少人化于一体，可以满足多品种、小批量生产要求。

第十四章
人工智能+农业

导言

目前，人工智能在我国农业领域的应用已经风生水起。业内人士分析指出，从看天吃饭到看AI吃饭，人工智能为农业带来新的变革和转变。

一、人工智能与农业的融合

农业的生产和服务领域存在很多痛点问题，如生产方式较粗放、农业服务不完善等。不少企业以产业痛点为导向，积极探索人工智能在农业生产服务中的融合创新，为解决农业痛点问题找到了新的突破点。

1.与农业生产的融合

在农业生产中，人工智能助力农业生产精细化，从而促进农业提质增效。

在种植领域，企业利用人工智能对农作物生长情况及环境数据进行建模分析，为农业生产提供精准指导。

比如，Infosys、IBM Watson IoT和Sakata Seed Inc.在美国加利福尼亚两块田地上布置测试床，利用基于机器视觉的无人机、环境传感器和土壤传感器，全方位、立体化地采集植物高度、空气湿度、土壤肥力等18种数据，并将数据上传到Infosys信息平台进行大数据管理和人工智能技术分析，分析结果反馈至企业ERP系统、植物育种研发系统，以指导下一步生产和育种。

在养殖领域，企业通过对畜禽多元化数据的采集与分析，实现精准养殖。

比如，腾讯的"AI生态鹅场"应用T-block技术，动态、实时、可视化地对"鹅厂"进行管理和远程操作，并基于人脸识别技术拿出一套鹅脸识别技术解决方案，实现对"鹅厂"里的鹅资料建档、投食等精细化管理；阿里云的"ET大脑养猪"使之前全凭人力来完成的猪场监测、繁育管理、疫病防疫等工作，未来都可以由视频图像分析、人脸识别、语音识别、物流算法等技术来完成。

2.与农业服务的融合

在农业服务中，人工智能可缓解信息不对称导致的农产品供需失衡及农业融资难等问题。

一方面，行业主管部门或企业运用人工智能建立农产品价格走势预测模型，指导农业生产主体动态调整产能，既可减少由于盲目生产导致的成本浪费，也能提升消费者满意度。

比如，IBM利用机器学习分析卫星图像、天气、人口、土地等数据，对农作物供需情况进行预测；笛卡尔实验室使用基于卫星数据训练的机器学习模型，预测美国国内的玉米产量，为农民的生产决策提供参考。

另一方面，金融机构依托农业大数据建立农民征信体系，可提高对农业金融的风险把控能力，增加农民融资机会并降低融资成本。

比如，互联网信用评估平台闪银和互联网金融公司农信宝开发的"八戒分期"，通过线上采集超过300个维度的农户数据，在后台利用人工智能模型进行分析，可在数秒内完成对生猪养殖户的信用评分并反馈给审核人员，帮助金融机构降低风控成本和坏账，也显著降低了养殖户的融资成本。

二、人工智能在农业种植中的应用

人工智能在农业上的应用可谓全方位覆盖，从选种、耕种到作物监控，再到土壤管理、病虫害防治、收割等，不仅能够帮助农业提高效率，也能实现绿色农业生产。总之，在农业生产中，人工智能有助于农业生产精细化，从而促进农业提质增效。

1.产前——育种选种、市场分析

以前，我们种地都是习惯和经验使然，丰收歉收全凭天意。从这一刻开始，人工智能利用物联网获取的数据，不仅能监测水源，还能分析土壤成分，帮助选择最适合种植的作物品种。

通过对农作物市场周期需求的大数据分析和预测，人工智能还能算出市场缺什么，就指导农民种什么，供销脱节、农产品卖不出去的痛苦将永远成为历史。

种子是农业生产中最重要的生产资料之一，种子质量直接关系到作物产量。种子的纯度和安全性检测，是提升农产品质量的重要手段。因此，利用图像分析技术以及神经

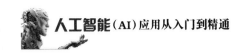

网络等非破坏性的方法对种子进行准确的评估，对提高农产品产量和质量起到了很好的保障作用。

另外，大数据分析和机器学习技术，还可以帮助农民筛选和改良农作物基因，口味好、产量高、抗虫性佳的品种将得到最大限度发挥。

2.产中——病虫害管理、自动采收

在农业生产的很多方面，大部分的工作是通过对农作物外观的判断进行的，例如农作物的生长状态、病虫害监测以及杂草辨别等。在过去，这些工作是通过人的肉眼去观察的，这种方法存在以下两个问题。

（1）农民并不能保证根据经验做出的判断是完全正确的。

（2）由于没有专业人士及时到现场诊断，可能会使农作物病情延误或加重。

在产中阶段，人工智能技术能监测环境数据和农作物生长情况，通过建立病虫草害特征分类数据库，可实现智能预防和管理病虫草害，这意味着农药的使用将降到最低程度。

另外，在种植、管理、采摘、分拣等环节都可以通过智能机器人来完成，实现农业种植的智能化与自动化。

3.产后——品质检测、电商运营

收获之后，农产品怎么进行品质检测、分类和包装？别担心，计算机大脑和机器臂可以统统承包这些烦琐的流程。

在AI技术的"加持"下，农业专家们的工作场景从田间地头变成了办公室，依靠着电脑就能控制庞大的农业基地；让原本"靠天吃饭"的农业变得标准化、数字化；让土地资源稀缺的地区也有了发展农业的可能；消费者还可以从此吃上安全放心的农产品。

微视角

> 传统农业技术手段落后，会造成水肥、农药资源浪费，不仅成本高效益低，还会造成土壤、基质污染，产品质量得不到有效保障。采用先进的科学技术，能够实现精准播种、合理水肥灌溉，实现农业生产低耗高效、农产品优质高产。

 相关链接 <..

智慧农业行业发展趋势

1. 由人工走向智能

（1）在种植、养殖生产作业环节，摆脱人力依赖，构建集环境生理监控、作物模型分析和精准调节于一体的农业生产自动化系统和平台，根据自然生态条件改进农业生产工艺，进行农产品差异化生产。

（2）在食品安全环节，构建农产品溯源系统，将农产品生产、加工等过程的各种相关信息进行记录并存储，并能通过食品识别号在网络上对农产品进行查询认证，追溯全程信息。

（3）在生产管理环节，特别是一些农垦垦区、现代农业产业园、大型农场等单位，智能设施与互联网广泛应用于农业测土配方、茬口作业计划以及农场生产资料管理等生产计划系统，提高管理效能。

2. 突出个性化与差异性营销方式

物联网、云计算等技术的应用，打破了农业市场的时空地理限制，农资采购和农产品流通等数据将会得到实时监测和传递，可有效解决信息不对称问题。

近年来各地兴起的农业休闲旅游、农家乐热潮，旨在通过网站、线上宣传等渠道推广、销售休闲旅游产品，并为旅客提供个性化旅游服务，现在已成为农民增收的新途径和农村经济发展的新业态。

3. 提供精确、动态、科学的全方位信息服务

面向"三农"的信息服务为农业经营者传播先进的农业科学技术知识、生产管理信息以及农业科技咨询服务，引导龙头企业、农业专业合作社和农户经营好自己的农业生产系统与营销活动，提高农业生产管理决策水平，增强市场抗风险能力，实现农业节本增效、提高收益。

同时，云计算、大数据等技术也将推进农业管理数字化和现代化，促进农业管理高效和透明，提高农业部门的行政效能。

随着人工智能的不断进步，未来我国的农业将不仅仅是机械化的，而会是数字化、智能化的，那一天离我们并不遥远。

....➤

三、人工智能在畜牧养殖中的应用

近年来，人工智能已经逐渐渗透到我们的生产和生活中。畜牧业也正在成为主要科技公司发展"人工智能"的新沃土。

比如，腾讯发布"AI技术养鹅"，华为推出"艾牛"网易、阿里巴巴、京东先后推出"智能猪"。

1.养殖业成人工智能投资"宠儿"

为什么那么多人工智能投资首选养殖业？究其原因，其实就是养殖业的生产效率实在太低了，成本又高，有点成果就可以立竿见影，使人工智能可以发挥的空间非常大。

根据国家统计局发布的《2018年经济运行保持在合理区间 发展的主要预期目标较好完成》公告显示，2018年我国共出栏生猪69382万头，其中九大上市猪企（温氏、牧原、正邦、雏鹰、天邦、天康、罗牛山、龙大肉食、金新农）共出栏4476.3万头，占据了6.45%的市场份额。而2017年，这九大企业共出栏3442.46万头生猪，只占据了4.9%的市场份额。

由此可见，养猪对中国非常重要。然而中国生猪产业也面临着效率低、疫病风险高、金融服务缺失等一系列问题。伴随着生猪养殖规模化的趋势，高效、科技化的养殖需求愈加强烈，而AI养殖可以有效缓解养殖业存在的问题，给中国农业的发展带来新的突破。

2.视频可视化、个体识别

视频可视化、个体识别让数据管理"智能化"，从而提高养殖场的管理效率。利用个体识别可视化算法、养殖场视频可视化等人工智能技术，可实现牲畜的个体识别和标注、智能盘点，并且还能自动识别牲畜体长、体重、背膘、活体率、品种，自动录入相关数据，养殖场管理人员可以随时在线查看牲畜档案、生长状况，观察牲畜情况，发现问题及时进行人为干预。

在养猪行业，以前的生猪养殖大多采用老式的、粗放式的养殖方式，导致生猪的产量上不去，还有生猪幼崽死亡率居高不下、不科学的喂养方式等，导致很多用户不再养猪，或出现养猪不盈利之说。现在有了"猪脸识别技术"，只要拿出手机对准每一头猪"扫一扫"，就能知道每一只养殖猪的健康情况，包括猪的进食量、进食偏好以及每一只猪的编号代码、它的父母、出生日期和品系等一系列相关的数据。

同时，这种"猪脸识别技术"还整合了科学的智能图像识别、信息抽取和分析等一系列相关的科学数据，可以为科学养猪提供健康管理、智能体重测定以及科学完整的信息链，为养猪户提供更大的便利性和相应的附加值。

在养牛行业，牛其实不愿意看到人类，它们会视人类为捕食者，因此养牛场的工作人员会给牛群带来紧张情绪。人工智能能够悄无声息地采集牛群信息，避免了人类直接与牛群接触。人工智能通过农场的摄像装置获得牛脸以及身体状况的照片，进而通过深度学习对牛的情绪和健康状况进行分析，然后帮助农场主判断出哪些牛生病了、生了什么病，哪些牛没有吃饱，甚至哪些牛到了发情期。

微视角

人工智能技术已被成功地运用到了养殖业，人工智能能够有效节约人工成本，提高生产效率，从而推动中国养殖行业的进一步发展。

3.智能穿戴、智能监测

在全球已经有不少的农场开始使用动物可穿戴智能设备，用这些设备实时采集动物的各类数据并发送到远端服务器，服务器通过对这些数据的智能分析，可以帮助农户更好地管理自己的牲畜，了解它们的健康饮食状况，并对疾病提前预警。

不要小看这个动物的智能穿戴设备市场，世界著名的科技市场研究公司IDTechEx预测，针对动物（包括牲畜）可穿戴技术的产业市场到2025年预计可达到26亿美元（176亿人民币），这无疑是一个巨大的市场。那么这些牲畜的可穿戴设备是如何帮助农场主更好地养殖牲畜？如图14-1所示。

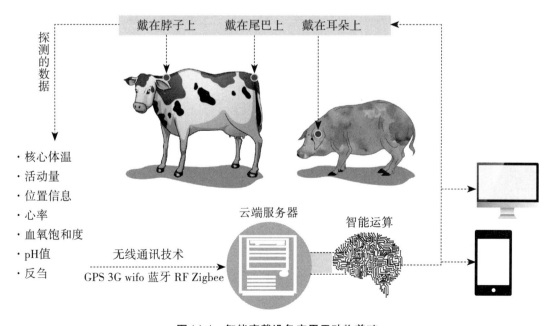

图14-1　智能穿戴设备应用于动物养殖

　　由图14-1可以看出，牲畜的智能穿戴设备主要在耳朵、脖子或者尾巴上。这些设备可以通过上面的探测装置去探测牲畜的核心体温、活动量、位置信息、心率、血氧饱和度、pH值和反刍等信息，这些信息会通过设备上的发射器用无线通信技术把这些信息实时地发送到云端服务器。在云端服务器上，智能运算会对这些数据进行处理，把这些"枯燥"的数据变成直观的信息，比如可能生病的预测、发情期到了、没有吃饱、活动量等，然后再把这些信息实时地发送到农场管理人员的智能手机或者电脑上，或者发送到牲畜的智能穿戴设备上。

　　SmartAHC是一家总部位于新加坡的农业科技公司，该公司的产品是一款戴在猪耳朵上的智能设备，该设备可以探测猪的核心体温和活动量等数据，这些数据实时地通过射频技术发送到养猪场的接收器上。SmartAHC开发了一套人工智能算法，可以根据这个每小时更新的数据预测猪的发情期和疾病，SmartAHC已经在中国的三家养殖场进行了实验应用，公司对外宣称，预测准确率达到95%左右。更精确地预测发情期可以大幅度提高养殖场的PSY（衡量母猪群繁殖性能最常用的指标是"断奶仔猪数/母猪/年"），增量大概为20%～50%（PSY的基数为16）。以一头仔猪400元的利润来看，电子医生可以使每头母猪带来1200～2000元的额外效益。

　　对于疾病的精确预测除了可降低用药的成本外，还可以提前防止疾病传播，减少损失，更重要的是减少了抗生素的使用，这对于动物和人类的健康都是至关重要的。

　　对于养牛行业来讲，智能穿戴设备还有更多的用途。智能项圈可以探测牛的体温、活动状况以及反刍等。通过分析数据不仅能够预测疾病，而且可以预测牛的"心理压力"，因为拥挤的活动空间等会对牛产生压力，压力不仅影响牛的健康而且影响奶牛的产奶量。智能穿戴设备的提前预测可以帮助农场主及时采取措施，从而保障牛的健壮，提高产奶量。

　　牲畜智能设备和管理系统可以帮助农户更准确地预测发情期、预测疾病，做好牲畜的情绪管理和放牧管理。这些设备或系统的使用都从不同的角度降低了养殖成本，提升了养殖效益，解放了农户的劳动力。

相关链接

人工智能引领养猪新时代

1.大火的智能养猪

　　所谓的智能养猪，可以理解为通过人工智能、物联网、互联网、大数据等新技术丰富人的感觉器官、凝练人的主观经验、提升人的作业效率，最终达到几乎不依托于人而形成养殖作业自循环。2018年可以说是智能养猪的开局之年，行业内外很多人都宣布要进行智能养猪的研发和推广。

2018年2月7日，阿里云宣布与四川特驱集团、德康集团达成合作，利用"ET大脑"，来对环境中的各项条件，以及猪自身从怀孕到出生再到成长过程中每一项数据进行监测，让每一头猪都有自己可供记录、查询以及分析的档案。

2018年5月18日，农信互联上线猪联网3.0，包含视频盘猪、语音找猪等众多智能化功能。利用人工智能、大数据等技术，建立智慧养猪生态平台——猪联网，为行业提供从传统猪场管理系统到AI养猪、智能交易、数据金融的一整套解决方案。

2018年8月5日，京东云、农信互联、安佑、天兆猪业等企业联合成立智慧养猪联盟，将生猪产业的相关企业连接起来，致力于通过人工智能、互联网、大数据、物联网、区块链等新兴科技提升生猪行业的生产经营效益，促进行业转型升级，帮助养殖户、养殖企业降本增收，以智慧养猪新理念推动中国生猪行业的健康持续发展。

2018年10月20日，在第七届李曼中国养猪大会期间，影子科技联合广西扬翔股份、深圳德里克设备、荷兰Microfan B.V.等多家战略合作伙伴，共同发布了基于物联网（IoT）、大数据、人工智能等技术的FPF未来猪场系列产品——智能环控、精准饲喂、兽医助手、基因选配。

2018年11月10日，京东成立数字科技有限公司，联合中国工程院院士、中国农大教授李德发进行智能化养猪，真正实现养猪"无人、无线、无干扰、无接触"，在养猪生产中的关键环节实现智能化。

猪脸识别、语音识别、智能环控、精准饲喂、基因选配，这些都是行业内外互联网企业所提到的人工智能技术的最终成品。

2.不同的智能养猪方式

虽说都是用人工智能进行智能化养猪，但不同企业做法不同，希望达成的最终目标也有所差异。

阿里云"ET大脑"养猪项目总投资达数亿元，首期落地了各类猪只数量识别、猪群行为特征分析、疾病识别和预警、无人过磅等十项功能，目的是提高母猪的生产能力，同时降低死淘率。在前期的理论验证阶段，ET大脑让每只母猪年生产能力提高3头，死淘率降低了3%左右。

影子科技与广西扬翔合作的"FPF未来猪场"，则是将猪场的人、猪、物、场连接起来的物联网智能养猪平台，能够实时进行猪场数据采集、分析与决策，轻松实现猪场数字化在线管理，据说他们的目标是用软件及人工智能降低1元成本。

农信互联的目的则是建立智慧养猪生态平台，并研发了智能养猪机器人"猪小智"。猪小智是猪场的超级连接器，连接一切可连接的设备与数据，完成猪场的智能环控、智能巡查、智能饲喂等功能，让养猪更加智能化。相对于市场上孤立的算法或单点的技术，他们想为养猪业提供从传统猪场管理系统到AI养猪、智能交易、数据金融的一整套解决方案，而人工智能只是他们需要的其中一项重要的应用技术。

京东则通过"神农大脑（AI）"+"神农物联网设备（IoT）"+"神农系统（SaaS）"三大模块提供智能养殖解决方案，想要实现养殖流程全面数字化，全面降低养殖成本，提高养猪效率。按照前期的数据测算，一年内京东就可以将养殖人工成本减少30%～50%，降低饲料使用量8%～10%，并且平均缩短出栏时间5～8天，可以为国内养殖业降低超过500亿元的成本。

虽然实现的方式不同，目的也不同，但采用人工智能养猪已经是可以实现的并正在实现的过程中。

3."ET大脑"应用于智能养猪的四大优势

（1）识别数量。现在，随着养殖规模的扩大，猪的养殖数量也明显增加了。若你的养殖场有1000只猪，以小猪的出生为准，每天猪场都会有大量的母猪生产，生了多少只靠人根本数不清。而阿里的人工智能养猪可以用视频图像分析技术和语音识别技术，通过摄像头自动分析并记录仔猪的出生数量、顺产还是剖宫产，同时可以通过麦克风捕捉仔猪被母猪压住发出的尖叫声，从而让饲养员在第一时间展开解救，避免小猪被压死。

（2）预警疫情。阿里的"ET大脑"能够为每一头猪建立一套档案，包括猪的品种、日龄、体重、进食情况、运动强度、频次、轨迹等。而借助这些数据，再结合声学特征和红外测温技术，就可以通过对猪的咳嗽等行为判断是否患病，做出疫情预警。

（3）提升养猪企业的PSY和MSY。PSY是指每年每头母猪所能提供的断奶仔猪头数。通俗地说，就是母猪一年能产多少仔。MSY是指每年每头母猪所能提供的出栏肥猪头数。阿里的ET大脑可以对母猪年生产力进行预测，即预测每头母猪每年提供活的断奶仔猪的头数。这是衡量猪场效益和母猪繁殖成绩的重要指标。对于生产力下降的母猪，ET大脑将提前给出淘汰意见。

同时，视频图像分析技术还可以记录猪的体重、进食情况、运动强度、频率和轨迹，如果一只猪长卧不起，那ET大脑就会判断它是怀孕还是病了，提醒人工及时介入。在前期的理论验证阶段，ET大脑可以让母猪每年多产3头小猪仔，且猪仔死淘率降低3%左右，进而提升了养猪企业的PSY和MSY。

目前而言，丹麦的养猪业平均PSY已经达到30头，而中国一些条件不错的猪场PSY也就达到20多头。阿里云和特驱集团希望用人工智能技术将PSY提升到国际顶尖的32头。

（4）提高效率，加速规模化养殖趋势。现在规模化养殖已成了趋势，但是随着养殖场规模的扩大，饲养人员的工作强度也进一步加大。而阿里的ET大脑可以对猪场和猪进行全方位的监控，饲养员也不用寸步不离地守着猪场。全流程的人工智能技术，能大大提升养猪效率，这其中涉及的技术有视频图像分析、人脸识别、语音识别、物流算法等，这一系列技术将会推动我国养殖行业的规模化发展速度。

四、智能机器人在农业中的应用

随着世界人口的不断增长，农产品的需求量也越来越大，农业的机械化成了提高农作物产量的一大途径，农业机器人也逐渐进入了农业生产中。农业机器人，顾名思义就是应用于农业的机器人，主要分为管理类的机器人和采摘类的机器人。管理类的机器人主要是自行走的机器人，可以在农田里自动行驶，通过感应器和定位器进行一些农事作业，比如施肥、除草等。而采摘机器人则一般为有机械手的机器人，可以通过机械手进行采摘、移植等。

我国是一个农业大国，农业问题是我国发展的根本问题，因此农业机器人的研究同样对我国的农业发展有很大的意义。现在我国已经开发出的机器人有：耕耘机器人、除草机器人、施肥机器人、喷药机器人、蔬菜嫁接机器人、收割机器人、采摘机器人等。图14-2所示为采摘机器人。

图14-2 采摘机器人

资讯平台

在2018中国国际农业机械展览会上，苏州博田自动化技术有限公司展出了代表性的产品——果蔬采摘机器人。作为一款专业智能农业机器人，这款机器可大大减轻果农的劳动强度，提高生产效率，每台机器可代替人工4～5人，每日作业时长可达

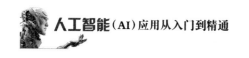
16～18小时，可以说是我国果业领域加快"机器换人"的重要角色。

这款果蔬采摘机器人是融合人工智能和多传感器技术，采用基于深度学习的视觉算法，引导机械手臂完成识别、定位、抓取、切割、放置任务的高度协同自动化系统，采摘成功率可达90%以上，可解决自然条件下的果蔬选择性收获难题。

【案例一】 ▶▶

泰州现代农业开发区生产全程智能化

2018年6月，在江苏省泰州市农业开发区管委会的支持下，由国家万人计划专家、扬州大学张瑞宏教授科研团队建设起万亩智能高效优质稻米示范区，进行稻麦示范种植。示范区采用现代先进农机装备、北斗导航稻秸秆还田双轴深耕技术、物联网监控监测技术等，同时开展了机械旱条播水稻适宜播量、水稻优质高产氮高效品种筛选试验、穗肥对水稻品质和产量形成的影响、水稻高产优质高效栽培生态生理及优质清洁生产等关键工艺技术研究，实现了农业生产全程智能化种植，达到减排、减人、减耗的效果，保障农业生产实现高产、高效。该示范区计划3年内水稻亩产突破800千克，小麦突破550千克。

智能农机没有高产栽培农艺支撑是不能提高经济效益的，更是很难走下去的。而高产栽培农艺没有智能农机支撑，就不能大量复制和移植，同样也很难走下去，只有让农机和农艺全面融合，方能大幅提高农业种植效益。

以江苏的稻麦二熟制为例，农艺专家的辐射方水稻亩产800千克、小麦亩产550千克，而普通面上种植的水稻亩产550千克、小麦亩产400千克，这中间稻麦二熟有亩产400千克的提升空间。如果让农艺专家的辐射方可通过智能农机做到可复制、可移植，则在不增加种植成本的条件下，每亩还可增加近1000元的收益。

如何向农机智能化要"减人"，向农机的多重复式作业要"节本"，向精准农机作业要"减排"，向先进栽培技术要"高产"，向成套农机农艺融合种植模式要"高效"，并通过智能化把先进农机农艺模块化、标准化、体系化，再进行无限复制？2018年5月，张瑞宏科研团队在泰州农业开发区管委会支持下，流转了500亩土地进行试验性种植，重点集成创新10项新技术、新工艺，将现有的碎片化、零散化的智能农机联成一串，完整从种到收的农机农艺融合的农业种植产业链。

张瑞宏团队研发的"双轴匀混深耕施肥宽带控深精播开沟复式作业机"能实现"施基肥、双轴深耕土草匀混灭茬、镇压、贴地播种、施种肥、覆土、镇压、开沟、化除"九道工序一次性完成，而之前的种植工艺需要5～6道工序才能完成，这项工艺在长江中下游地区能免除插秧之苦，这一项工艺就能每亩节省成本200元。这项装备技术除了复式作业省工节本外，还能解决以下四个问题。

（1）采用双轴分层切削旋耕双轴二次土草混合，解决旋耕机不能深耕匀混造成土少秸秆多秸秆成堆的草害问题。

（2）采用贴地播种解决宽带精确控深播种问题，利于培育壮苗。

（3）采用种肥技术解决全耕层的基肥利用率太低问题，这可节省基肥施用量40%～50%。

（4）采用二次重镇压，解决秸秆全量还田的草土架空造成死苗浆苗问题。

张瑞宏团队还发明了"自平衡双轴匀混水耕起浆平整复式作业机"，能实现水耕、施肥、起浆、平整四道工序一次完成，由原耕作工艺的犁耕、碎土、施肥、打浆平整四次作业并为一次，节省三道工序，节省水田耕作成本50%以上。机具采用双轴分层切削原理达到超深旋耕的目的，取得旋耕深度≥22厘米的技术突破。同时采用将土草搅拌两次的原理达到秸秆与土壤的均匀混合，使秸秆十分均匀地分布于耕作层之中，避免秸秆成堆阻碍作物根系发育，实质性地做到全量秸秆的无害化还田。机具配备智能化水平控制系统，使水田平整度大大提高。

另外，团队同步开发的北斗导航大数据对行施肥施药机，与原传统满撒肥药相比可节省肥料15%，节省农药20%。该机具采用北斗农业云平台系统，将北斗农机自动设备信息进行大数据收集与管理，通过北斗卫星系统和LBS基站，实现农机定位、作业轨迹、历史轨迹记录，同时进行播种栽秧定位，取得每粒种子、每颗秧苗的精确地理位置大数据，根据上述大数据指挥施肥喷雾机械对靶作业、对行作业，解决目前减肥减药和农耕耗费资源过大的难题。

在示范核心区可以看到，新开发出的田间智能监测系统，通过分布在田间的高清摄像头能够实时监测作物生长的长势、叶片数、叶色、病斑、害虫虫口密度、土壤含水量等信息，形成数据信号传输到监控中心。

团队建在泰州现代农业开发区的500亩水稻优质智能高产高效示范田，尽管播种比往年晚了10多天，但由于全程采用多学科技术融合，通过智能化监测系统，实时把控苗情（肥情）、虫情、病情，做到精准管理，水稻穗粒饱满，水稻亩产平均达到700千克，收获粳稻超过25万千克。

【案例二】▶▶▶

AI 猪肉正式面市

2019年"6·18"前夕，京东数科旗下的京东农牧与吉林精气神有机农业股份有限公司（下称"精气神"）在线上线下全渠道联合上线"AI鲜肉铺"，首批AI猪肉正式面市，京东七鲜超市（北京大族广场店）线下店面、精气神京东自营旗舰店均有销售，双方主打的AI养殖、品质安心等卖点，引起消费者的强烈反响。

位于长白山腹地的精气神养殖基地，是京东农牧智能养殖解决方案首个实现落地的养殖基地，目前已全部完成部署。

AI猪的诞生：用数字科技养出第一批AI猪

在精气神的两个养殖园区、100多栋山黑猪猪舍中，均部署了基于AI、IoT和SaaS技术的京东农牧智能养殖解决方案，其中包含神农大脑、神农物联网设备、神农系统的相关系统和硬件设备。

与传统猪舍"脏乱差"的环境不同，精气神养殖场经过京东农牧的改造，猪舍内遍布智能养殖解决方案所独创的养殖巡检机器人、饲喂机器人、3D农业级摄像头、伸缩式半限位猪栏等先进设备，它们在巡检、监控、饲喂、环控四大场景中发挥了巨大的作用，致力于为猪创造一个良好的生长环境。神农大脑对收集到的猪场环境参数进行统一管理和智能分析，之后通过智能风机、智能增氧机、智能湿度调节器等智能化设备进行调节，保证养猪场温度、湿度、空气维持在适合生猪健康生长的最佳状态。

在日常饲养方面，以猪只统计和称重为例，人用肉眼数猪的效率很低且准确度不高，给猪称重更是费时又费力的工作。利用京东农牧独创的3D专用农业级摄像头，"扫一眼"猪栏就能知道猪的数量以及每头猪有多重，整个过程只有几秒，点数准确率为100%，重量的误差可以控制在3%以内。

与此同时，猪舍中的24小时生活管家——养殖巡检机器人，可以代替人工管理员进行"白加黑"式的巡逻监测，精准捕捉每一头猪的相关数据，比如为猪测量体温、观察猪的进食量变化，比人工巡检更精确，同时减少很多人力成本。如果检测到某只猪出现进食异常或其他异常表现，可以利用"猪脸识别"算法快速关联它的生长信息、免疫信息、实时身体状况等，通过神农大脑分析，在第一时间找到异常原因并通知饲养员对症下药，或通过"24小时营养师"为其更改喂饲标准。

实时监测、精准饲喂、智能环控等日常功能，都在猪舍内有条不紊地运转中，保证了AI猪们在数字化、智能化的饲养环境中健康成长。值得一提的是，京东数科率先将"声纹识别"技术引入养殖业，通过声纹采集的设备，能够识别并分析猪的叫声和咳嗽声，结合猪的运动量、采食量、体温等数据，对猪进行疾病检测，并且在第一时间进行疫病预警，汇报给猪场的兽医或饲养员，及时采取措施，防止进一步扩散，被称之为"24小时兽医"，这项技术也即将在实际场景中应用。下图所示为沿着轨道"巡逻"的巡检机器人。

沿着轨道"巡逻"的巡检机器人

AI猪的背后：数字科技助力供给侧，创造新增长

实际上，"AI鲜肉铺"是京东数科助力农牧产业数字化的突出落地成果，这项成果的背后体现了京东数科以数字科技助力供给侧、推进消费侧、创造新增长所做的努力。

在供给侧，数字化升级是当前农牧产业转型和创造新增长动能的关键，2019年的中央1号文件明确提出了加快突破农业关键核心技术、培育农业科技创新力量，推动智慧农业自主创新的要求。京东数科积极响应政策号召，与实体产业共建，在开放与共建的基础上，通过聚合数据技术、人工智能、物联网、区块链等前沿科技，不断发掘数据价值，以数据技术服务农牧企业进行数字化升级，帮助农牧企业实现降本增效，并为整个产业创造新的增长曲线、重塑产业增长方式。

在消费侧，民以食为天，人们对安全、高质量、健康食品的日益增长的诉求，与国内稍显落后的农业存在着矛盾，以养殖产业为例，生产粗放、养殖水平相对落后、养殖产品质量参差不齐，无法满足消费者对于质优价美食品产品的需求。京东数科以数字科技助力农业的数字化升级，实现了生产流程的现代化。数字科技加持下的养殖业，把关AI猪的每一步成长，实现好猪出好肉，生产出让消费者更加满意的食品。

"AI鲜肉铺"上线引发的围观还在继续，AI猪肉背后的黑科技也显露了庐山真面目，通过数字科技搭载专业知识，对养殖场生产全流程进行数字化改造，而这也正是京东数科以数字科技推动"产业＋数字科技"融合的体现，最终实现行业各方的互惠共赢，共同去分享产业成本降低、效率提升和终端用户体验升级所带来的增量价值。

【案例三】▶▶▶

....

消费者利用人工智能按甜度买瓜

国强甜瓜所在的阎良区是西安下属的农业生产县区，目前有近600户贫困户。阎良区甜瓜总产量达20余万吨，是该地区的主要特色农产品，也是农民收入的重要来源。

人工智能打造甜瓜品质

阎良甜瓜可谓历史悠久，《诗经》有"绵绵瓜瓞，民之初生，自土沮漆"的诗句。近年来，阎良区委、区政府将甜瓜产业作为乡村振兴的重要抓手，积极构建"阎良甜瓜"生产体系。在2018年3月，阎良引入的科技企业正是阿里云。根据合作协议，阎良国强合作社与阿里云搭建智慧农业平台，来推动甜瓜的标准化、精细化种植。

上百年的甜瓜种植结合阿里云农业大脑的人工智能技术，展示出了新风貌。在技术人员的支持下，甜瓜的整个生产过程全部实现了数字化——无论是测土、育苗、移栽、开花、结果，农民用手机就可以精确了解到浇水、施肥、授粉、缠蔓等耕作信息。

"农业大脑能调动智能设备进行喷洒灌溉，记录甜瓜的日照时间、施肥量等信息，所以瓜农不用靠经验判断、不打激素，跟着手机软件上一套科学的标准化种植手册操作，确保在每个甜瓜品质最佳的时候采摘。"阿里云智慧农业算法工程师童鸿翔介绍，普通甜瓜甜度在13°～16°，但是采用AI技术种植的甜瓜，平均甜度能达到20°。通过阿里云和支付宝研发的瓜脸识别技术，还能判断出甜瓜的成熟度。

"瓜脸识别"秒测甜度

2018年10月10日晚上，海口市金盘夜市人群熙攘，一个风格简约酷似数码商店的"甜瓜AI专卖店"引来多人驻足。店内装修精致，甜瓜按个摆放，还享受"催熟"的古典乐，每只瓜都根据支付宝的"瓜脸识别小程序"测试结果，分甜度等级，而不同等级的瓜价格不一样。

AI瓜店内分为展瓜区、挑瓜区和吃瓜区三个区块。展瓜区依次陈列了9分甜瓜、8分甜瓜、7分甜瓜和半熟瓜。摆在桌上的每一个瓜，都有着自己的甜度鉴定书，"人生苦短，先吃最甜瓜""七分甜瓜，人生也有平平淡淡""半熟瓜，青涩别有味道"……如下图所示。

AI瓜店展瓜区

挑瓜区摆放了许多甜瓜供客人们自行挑选，客人可以用手机支付宝小程序"瓜脸识别"扫一扫鉴别瓜的甜度，再决定购买哪一只，而不必对着瓜敲打推断，也不必费口舌询问，扫一扫，看一看，瓜甜不甜？一目了然。若想实物验证，店内的切瓜师会当场切下几块来让顾客品尝。

支付宝"瓜脸识别"小程序由阿里云技术支持，它学习了15000多张阎良甜瓜不同成熟度的图片样本数据，背后是相关的AI算法、图像识别等能力，其准确率达到90%以上，未来这一技术还有望用到其他生鲜产品上。

参考文献

[1] 方曲韵."人工智能＋医疗"火了，未来如何治病？[N].光明日报,2018-06-24（04）.

[2] 李心萍.人工智能＋物流快到家[N].人民日报，2018-02-08（10）.

[3] 李嘉宝.数字化让快递更"快"了（网上中国）[N].人民日报海外版,2019-07-03(08).

[4] 张越熙.抢滩登陆618京东数科首批AI猪肉面市[N].华西都市报,2019-06-17（A10）.

[5] 梁迎丽，刘陈.人工智能教育应用的现状分析、典型特征与发展趋势[J].中国电化教育，2018（3）：24-30.